股市
衍生工具 $
50+1

衍生工具買賣須知概念圖

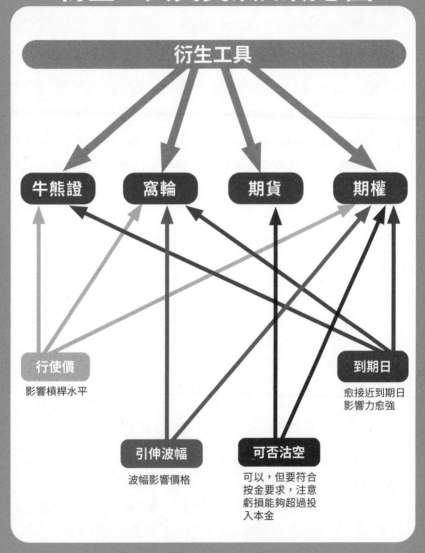

導讀

甚麼是「衍生工具」？

雖然大家非常心急想知道衍生工具的實戰技巧，但為了讓各位更容易讀懂本書所講的內容，以下先談談衍生工具的定義及特性。

根據特許金融分析師協會（CFA Institute）官方網站的介紹，「衍生工具是一種追蹤至少一種或以上特定目標資產的投資產品（『追蹤資產』）。衍生工具是一份雙邊合約，而它的價格會受追蹤資產波動而受影響。」

衍生工具是一種多元化的投資工具，追蹤資產不單止是大家熟知的股票及指數，更可以是商品、貨幣、債券，甚至是利率。衍生工具市場很大，除了在交易所買賣的產品外，場外（Over-the-counter, OTC）交易也非常受歡迎。衍生工具的例子非常多，包括本書將會談及的牛熊證、窩輪、期貨及期權外，較複雜的產品還有信貸違約掉期（Credit Default Swap, CDS）、遠期（Forward）、房貸抵押證券（Mortgage backed securities, MBS）等。另外，場外交易玩法比交易所更加多變化，有些衍生工具會同時追蹤兩至五個資產，令買賣雙方可以訂立不同的交易策略。

相信不少人都聽過買賣衍生工具是一種「零和遊戲」（Zero-sum game），照字面解釋也能明白，在雙方博弈下，一方的獲利必定會令另一方造成損失，雙方博弈的結果總和永遠等於零。為何會出現這個情況呢？答案就是由於衍生工具是一份雙邊合約，簡

牛熊證篇

窩輪篇

期貨篇

期權篇

實戰篇

單來說，如果你看好，你的對手就一定要看淡，反之亦然。如果一份衍生工具合約買家及賣家沒有相反觀點，那就不能成交了。不過在投資市場上，參與者眾多，有不少人看淡也有不少人看好，故此有大量交易的機會。

值得一提的是，一如商業社會合約有「到期日」一樣，衍生工具也有時間性限制，畢竟雙方博奕都要定一個時間分勝負。

衍生工具最後一個特點是有「槓桿成分」，因此其價格波幅大多數情況下會比追蹤資產走勢高。一般來說，投資者只需要支付少許按金，就可以控制等同於一筆比按金高以倍數計的追蹤資產。正因如此，只要追蹤資產輕微變動，其衍生工具也可以大幅上落，這亦是衍生工具令人著迷的地方。

雖然單獨來看衍生工具是一種零和遊戲的投資工具，說白點就是對賭工具，然而衍生工具並不是只用於博弈，它們可用於對沖，從而降低投資風險。因此只要你打好穩健的基礎，買賣衍生工具夠能為你額外提供一個增加回報的途徑。

作者序 1

你若要成功，學好基本功

　　無論是股票投資抑或是衍生工具投機也好，表現最遜色的，往往是自以為運氣不佳而亂搞一通的投資者。其實投資輸錢乃兵家常事，但若果沒有自知之明不求改進，那麼錢就是白輸了。

　　如果大家是撲克的愛好者，肯定聽過這個經典笑話，「當你玩完三局後，你還不知道賭桌上誰是傻瓜，那你就是那個傻瓜。」對於有意爭取高回報的投資者來說，衍生工具確實有種強大的吸引力，總讓人心思思動用槓桿捕捉股市短期內的波幅。只不過，勝也蕭何，敗也蕭何，在衍生工具場上如果你是賭桌上不知誰是傻瓜的人，輸大錢只是遲早的問題。道理很簡單，那些人贏完會在賭桌輸掉，輸完他們又會回到賭桌再輸過，心想只要時來運到就會賺大錢。

　　要確保自己不是衍生工具場上的弱手，那麼基本功就必須打得紮實。衍生工具的概念多如繁星，要將無數的原理細數出來，絕非易事。本作這次簡而精地道出牛熊證、窩輪、期貨及期權這四大常見衍生工具的基本概念，再輔以例子去演繹箇中的運作原理，相信讀者細閱後，在衍生工具場上至少不會是一個自認為天才的傻瓜。

　　這次再度出書可說是機緣巧合，好友黃雷眼見石油期貨可以一夜之間跌至負數，確實有必要讓大眾知道如何趨吉避凶，故此在

他力勸之下促成此等美事。當然也要感謝「格子盒作室」的編製團
隊，期望這本書的出版有助讀者了解衍生工具投資的基礎知識。

周梓霖 (Alex)

作者序 2

危險，但也是機會

「唔賭唔知時運高，賭咗就知時運低。」這句是好友 Alex 常掛在嘴邊的說話。我一直以為他在說笑，但想深一層，這句確實很有意思。在股場上投機，很多新手以為自己明白各種衍生工具的玩法，在一知半解的情況下落場「賭」幾局，結果弄到自己焦頭爛額。當自以為「時運高」要出手，但落場才知道自己因未夠班而輸錢，實際而言是「時運低」。

2020 年 4 月，全球油價因新冠肺炎影響而暴跌，需求大跌令到油庫塞爆，石油期貨破天荒以 -37.63 美元結算，負數結算這種顛覆認知的事簡直是難以置信。然而，若果有新手於石油期貨跌近零美元就出手撈底博反彈，腦海壓根兒沒有槓桿意識，更不要說期貨的轉倉概念，相信第二日早上起身連早餐都吃不下去。情況有多嚴重？十張石油期貨結算時輸約 148 萬港紙，一晚輸百幾萬，真是名副其實「賭咗就知時運低」。

雖然衍生工具潛在風險很大，但在投資市場往往是危機並存，適時運用衍生工具有機會令投資者突圍而出獲利。衍生工具向來給人操作困難的感覺，但事實上可能是無處入手而已，以致對衍生工具沒有透澈的理解。的而且確，坊間有不少以衍生工具作主題的財經教材，但若以深淺程度來分類的話，這本可能是市面上極為罕見的入門書。

本書總共分為五大篇章，分別是牛熊證、窩輪、期貨、期權及實戰篇。每類衍生工具包涵基本知識、運作原理、交易細則、影響價格的因素等必學概念，而實戰篇則覆蓋落場買賣時的要點，讓大家上陣時更加得心應手。

四大衍生工具中以期權最為複雜，箇中策略變化萬千，單靠這本入門書未必能帶領大家去到更深層次，如有興趣深入了解的話，推薦必讀 Alex 的另一本著暢銷作《期權速獲利 Flash!》。

老實說，衍生工具易學難精，但要成為高手亦要踏出正確的第一步。這本書有系統地將衍生工具的各種概念串連起來，相信就算是新手也能靠這本書打通經脈，對衍生工具有一個透澈的基本認識。俗語有云：「有危就有機」，學懂衍生工具的話，大家以後在股市上就可以運用更多策略靈活地獲利。

黃雷（Jensen）

目錄

期貨篇

期權篇

實戰篇

附錄

牛熊證篇

1. 牛熊證基本概念

「我隻熊證剛剛被輪商打靶，之前跌市沒有止賺，轉個頭美國聯儲局放水令到大市瘋狂上升，熊證由明明贏變輸到歸零，簡直是百般滋味在心頭……」── 這一小段的自白，相信是不少牛熊證投資者投機失利時的心底話。

牛熊證一個失誤就可以輸掉大部分投入資金，潛在風險遠高於股票，但試問有多少投資者能理解牛熊證的原理及運作模式呢？坊間有很多牛熊證教材，但很多時字眼艱澀難明，學完後難以將知識融會貫通。今次我會就牛熊證必學概念濃縮成十個部分，務求令大家由淺入深學懂牛熊證，提升操盤能力。

牛熊證是本港四大衍生投資工具的其中一種，每天成交高達數十億元，市況波動時更可輕易超過一百億，可見本港投資者相當積極參與這個市場。那麼甚麼是牛熊證呢？以下是港交所對於牛熊證的定義：「牛熊證類屬結構性產品，能追蹤相關資產的表現而毋須支付購入實際資產的全數金額。」看完這句，相信大家相當困惑。或者換個方式，大家會更容易吸收這個定義的意思。簡單來說，牛熊證會追蹤指數或股票的走勢，投資者看好後市就買牛證、看淡後市就買熊證。舉例說，若果恒生指數上升，追蹤恒指的牛證價格亦會跟隨上升；若果恒生指數下跌，追蹤恒指的熊證價格就會上升。

牛熊證除了有牛證及熊證之分外，另一個特點就是帶有槓桿成

牛熊證篇

窩輪篇

期貨篇

期權篇

實戰篇

分，就像大家買樓上車一樣，支付首期再問銀行借錢支付給賣家。那麼看到這裡，大家就會問牛熊證帶有槓桿特性，那這些槓桿是由誰提供呢？答案就是發行商了，牛熊證是由第三者發行，通常是投資銀行或者券商（本港俗稱「輪商」），跟港交所或上市公司本身是沒有任何關連。〔編按：關於槓桿這一點，本篇章第 6 節〈槓桿比率〉p.25-26 會有更深入的探討。〕

跟股票一樣，本港的牛熊證均於聯交所上市，交收時間也是 T+2（即交易日後兩個交易日進行交收），並於港股交易時段內進行買賣，即上午 9 時 30 分至中午 12 時正、下午 1 時正至 4 時正，分別只是沒有競價時段而已。投資者只要提交身分證明及住址證明開設股票戶口，簽妥相關風險聲明交件，就可以買賣牛熊證了。

2. 行使價、內在值

「行使價」及「內在值」這兩個概念將會在牛熊證、窩輪及期權三個篇章穿插出現，所以值得多談一點。先說行使價，行使價是雙方預先協定以買入或沽出追蹤資產的價格，用以下例子說明就會清楚得多。

假設閣下是一位茶葉商，你從一間投資銀行買入一張追蹤一千斤烏龍茶茶葉的牛證，牛證到期日是今年12月底，行使價88,888元。在這個例子中，88,888元就是你跟那間投資銀行預先協定的茶葉價格，即使烏龍茶茶葉今年底前瘋狂暴漲至188,888元，作為牛證持有人的你仍然可以用88,888元向那間投資銀行買茶葉。

▼茶葉商商人向投資銀行買入牛證

投資銀行

行使價
88,888 元牛證

▼即使烏龍茶茶葉今年底暴漲至 188,888
元，茶葉商商人仍然可以用 88,888 元買
茶葉。

$188,888

$88,888

　　至於熊證的行使價又如何呢？再看以下例子大家可以了解更多。

　　如果閣下是一位賣茶葉蛋的供應商，你從一間投資銀行買入一張追蹤一萬隻茶葉蛋的熊證，熊證到期日是今年 12 月底，行使價 52,000 元。在這個例子中，52,000 元就是你跟那間投資銀行預先協定的茶葉蛋價格，即使茶葉蛋今年底前失心瘋暴跌至 22,000 元，作為熊證持有人的你仍然可以用 52,000 元將茶葉蛋賣給那間投資銀行。

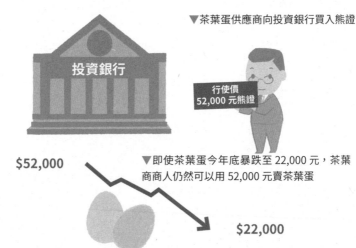

▼茶葉蛋供應商向投資銀行買入熊證

投資銀行

行使價
52,000 元熊證

$52,000

▼即使茶葉蛋今年底暴跌至 22,000 元，茶葉商商人仍然可以用 52,000 元賣茶葉蛋

$22,000

　　從以上兩個例子，相信大家也明白行使價的意思，接下來就要說說內在值的概念了。內在值（註①、註②）的定義是指追蹤資產現價與行使價的差價。由於牛證及熊證的特性不同，牛證看好後市走勢、熊證看淡後市走勢，它們兩者的內在值計算公式也有所不同。

牛證內在值 = 追蹤資產現價 – 牛證行使價

熊證內在值 = 熊證行使價 - 追蹤資產現價

以烏龍茶茶葉的例子為例,如果烏龍茶茶葉今年底暴漲至 188,888 元,那麼牛證於今年年底的內在值就是:

188,888 元 – 88,888 元 = 100,000 元

再以茶葉蛋的例子為例,若果茶葉蛋今年底前急跌至 22,000 元,那麼熊證於今年年底的內在值就是:

52,000 元 – 22,000 元 = 30,000 元

註①:牛熊證內在值的計算要同時考慮換股比率,換股比率這個概念將在稍後討論。

註②:內在值不會為負數,原因將會在稍後章節解釋。

3. 收回機制

買賣牛熊證大家必定要知道「打靶」一詞是甚麼意思。所謂「打靶」，就是指閣下的牛熊證被發行商強制收回，即時終止在聯交所買賣。打靶是建基於牛熊證本身已設定的強制收回機制，此機制容許發行商在牛熊證到期日前，若果追蹤資產價格觸及收回價（收回價是發行商預先定好的價格，跟行使價一樣，大家可以在報價機清楚看到），發行商會即時收回有關牛熊證，投資者不得繼續買賣那些牛熊證。

香港的牛熊證可分為 N 類（無剩餘價值，NO RESIDUAL VALUE）和 R 類（可能有剩餘價值，RESIDUAL VALUE），而自 2006 年牛熊證引入香港以來，市場一直以 R 證為主導。兩類牛熊證除了英文字母不同外，還有甚麼分別呢？

N 類牛熊證比較簡單，它們的收回價等同行使價，一旦相關資產的價格觸及或超越收回價，投資者將不會收到任何現金款項。至於 R 類牛熊證，它們的收回價與行使價不同，牛證的收回價必定高於行使價，而熊證的收回價則必定低於行使價。當 R 類牛熊證被「打靶」後，R 類牛熊證的投資者仍可能可收回少量現金款項，俗稱「剩餘價值」，在某些情況下（例如大市大幅裂口開市）就可能沒有剩餘價值。〔編按：剩餘價值計算過程頗為複雜，在此不贅。〕

不過無論是 N 類或 R 類牛熊證，一旦被「打靶」，投資者會即時損失極大部分、甚至所有資金，即使之後大市向理想方向走，大家都不會有仇報。

下表列出牛熊證的價值狀況及收回條件：

	牛證	熊證
N 類	收回價 = 行使價	收回價 = 行使價
R 類	收回價 > 行使價	收回價 < 行使價
收回條件（打靶）	追蹤資產價格跌至收回價	追蹤資產價格升至收回價

小知識

　　大家或者會認為，有剩餘價值的 R 類牛熊證投資虧損金額相對較小。不過大家要知道，R 類牛熊證的行使價與收回價之間設有緩衝區，會令 R 類牛熊證的價格比相同條款的 N 類牛熊證高，這樣會輕微削弱 R 類牛熊證的槓桿效應。

4. 換股比率

相信「換股比率」（又稱「行使比率」或「兌換率」）是最令新手感到無所適從的地方，好端端為何要加上換股比率，令牛熊證操作變得如此複雜呢？市面上絕大部分教材都沒有講解背後原因，以下就為大家拆解箇中玄機。

大家先來看看以下香港交易所的證券價格價位表：

證券價格	最低上落價位
由 0.01 至 0.25	0.001
高於 0.25 至 0.5	0.005
高於 0.5 至 10	0.01
高於 10 至 20	0.02
高於 20 至 100	0.05
高於 100 至 200	0.1
高於 200 至 500	0.2
高於 500 至 1,000	0.5
高於 1,000 至 2,000	1
高於 2,000 至 5,000	2
高於 5,000 至 9,995	5

資料來源：港交所

這個表有甚麼特別啟示呢？答案就是股票價格愈細，其每個價位變動百分比就愈大。舉例說，如果一隻股票現價是 0.3 元，最低上落價位是 0.005 元，每個價位變動百分比就是 0.005/0.3 x 100% = 1.67%。若果股票價格高很多又如何呢？假設一隻股票現價是 150 元，最低上落價位是 0.1 元，每個價位變動百分比就是 0.1/150 x 100% = 0.067%，價位上落敏感度大幅低於那隻現價 0.3 元的股票。由此可見，發行商之所以設定換股比率這個概念，目的是要將牛熊證價格壓低，從而提高牛熊證價位上落敏感度，吸引更多投資者進場。

至於換股比率實際又代表甚麼意思呢？再給一個實例講解一下。假設有一隻盈富基金 (2800) 牛證，行使價是 21.5 元，換股比率為 50（又稱 50 兌 1）；這代表投資者需要持有 50 股牛證，才能向發行商以行使價 21.5 元買入一股盈富基金。

一般來說，若果牛熊證的追蹤資產是恒生指數或國企指數，發行商設定的換股比率是 10,000；若果是牛熊證的追蹤資產是股票的話，發行商設定的換股比率大多是 10 或 50。

5. 牛熊證溢價

大家在查看牛熊證價格時，部分報價機會顯示「溢價」一欄，「溢價」的定義是指追蹤資產價格於牛熊證到期日前需要變動的幅度百分比，以達至打和點價格水平。由於牛證及熊證特性相反，其公式也有不同。

牛證溢價 = [（牛證價格 × 換股比率）+ 行使價 – 追蹤資產價格] / 追蹤資產價格 × 100%

熊證溢價 = [（熊證價格 × 換股比率）+ 追蹤資產價格 – 行使價] / 追蹤資產價格 × 100%

就這樣看公式恐怕大家也會一頭霧水，以下一步一步用例子演算一次，大家就會清楚明白。

再沿用上一道概念的例子，假設有一隻盈富基金（2800）牛證，行使價是 21.5 元，換股比率為 50，而我們又額外知道該牛證現價為 0.07 元及盈富基金現價為 24.5 元。

首先，我們先計算兌換 50 份牛證向發行商買入一股盈富基金所需的成本，兌換 50 份牛證所需成本 = 50 份 × 0.07 元 =3.5 元。由於盈富基金牛證的行使價是 21.5 元，我們在 50 份牛證的成本上另須支付 21.5 元，發行商才會賣一股盈富基金給我們。換句話說，兌換 50 份牛證去買入一股盈富基金的總成本 = 3.5 元 +21.5 元 =25 元。

由於牛證帶有槓桿成分，故此兌換 50 份牛證去買入一股盈富基金（在這個例子是 25 元）自然較本身直接在市場買一股盈富基金（在這個例子是 24.5 元）貴，而這個差價（在這個例子是 25 元減去 24.5 元）就是所謂的溢價。另外，在報價機顯示的溢價均會以百分比顯示，溢價 = (25 元 -24.5 元) / 24.5 元 × 100% = +2.04%。溢價另一個層次的意思是，盈富基金在到期日當日只要升 2.04% 至 25 元，投資者就能夠平手離場，亦即是 25 元就是投資者的打和點了。

　　假設其他因素不變，即是行使價、到期日等維持一樣，投資者選擇一隻溢價較低的牛熊證會較為著數。

小知識

　　由於牛熊證以期指對沖，而期指的買賣成本較低，因此指數牛熊證普遍享有低溢價，而且更有機會出現負溢價，大部分負溢價情況普遍由指數成分股除息所引致的。

6. 槓桿比率

牛熊證篇

窩輪篇

期貨篇

期權篇

實戰篇

了解完一系列概念後，終於來到大家最關心的指標，就是測量牛熊證有幾高爆炸力的「槓桿比率」。由於牛熊證帶有槓桿成分，牛熊證價格的變幅自然較追蹤資產變動為高。換句話說，當追蹤資產價格每變動 1%，牛熊證價格都會跟隨變動，但幅度會高於 1%。至於牛熊證價格變幅高出多少，就要靠槓桿比率推算了。

槓桿比率公式如下：

槓桿比率 = 追蹤資產價格 / (牛熊證價格 × 換股比率)

這個公式原理很簡單，像買樓支付首期一樣，我們計算買樓槓桿是將樓價除以首期。例如樓價是 800 萬，而首期是 240 萬的話，槓桿比率等於 800 萬 /240 萬 =3.33 倍。一理通百理明，牛熊證的追蹤資產價格就好比樓價，而牛熊證價格乘以換股比率就像首期，將追蹤資產價格除以 (牛熊證價格 × 換股比率) 就是牛熊證的槓桿比率。

又以盈富基金牛證做例子，槓桿比率 = 盈富基金現價 / (牛熊證價格 × 換股比率) = 24.5 元 / (0.07 元 × 50) ＝ 7 倍

有了這個比率，大家就可以簡單推算牛熊證的變動幅度了。以槓桿比率 7 倍為例，盈富基金每變動 1%，盈富基金牛證就大約變動 1% × 7 倍 = 7%。不過就實戰來說，由於買賣牛熊證有買賣差價，而且持有牛熊證會涉及財務費用〔編按：本篇章第 8 節〈牛熊證價格的兩大組成元素〉p.28-29 會詳細說明〕，變動幅度不會完

全跟足 7%。

　　另外，大家可能有聽過牛熊證敏感度這個概念，即是追蹤資產價格每跳動 1 格，牛熊證跳動多少格。其實大家只要知道槓桿比率，也不必過分在意牛熊證敏感度這個概念，反正槓桿比率愈高，牛熊證的敏感度就愈高，故此也不必特意再學類似的概念了。

牛熊證篇

窩輪篇

期貨篇

期權篇

實戰篇

7. 最後交易日、到期日、計價日

牛熊證的「到期日」均由發行商自訂，大家可以在報價機或上市文件中找到，而本港大部分指數牛熊證的到期日，都會選擇於每月最後第二個結算日（即期指結算日）。

牛熊證的「最後交易日」為到期日前的一個交易日。指數牛熊證的計價日則為到期日，而股票牛熊證的「計價日」為最後交易日

下表列出指數牛熊證及股票牛熊證最後交易日、到期日及計價日的例子：

	12 月 28 日	12 月 29 日	12 月 30 日	12 月 31 日
指數牛熊證		最後交易日	到期日 計價日	
股票牛熊證		最後交易日 計價日	到期日	

8. 牛熊證價格的 兩大組成元素

接下來就要了解牛熊證價格的兩大組成元素,分別是「內在值」及「財務費用」。內在值在本篇章第 2 節 p.16-18 已講解一遍,但當時未將換股比率納入,現在就要將兩個概念融合。

牛證內在值 =(追蹤資產現價 – 牛證行使價)/ 換股比率

熊證內在值 =(熊證行使價 – 追蹤資產現價)/ 換股比率

至於牛熊證價格的第二個元素財務費用,一律是由發行商制定,當中包括追蹤資產的股息調整〔編按:【實戰篇】第 44 節 p.114-116 會詳解〕、發行商的借貸成本及應收取的利潤。其實發行商收取財務費用不為過也,它們實際是借錢給你做槓桿,支付利息亦合情合理。總括來說,牛熊證的尚餘時間愈長,其財務費用便愈大,牛熊證價格理論上也會愈高。另外,假設其他因素不變,財務費用會隨著時間過去而慢慢減少。

財務費用 =(行使價 / 換股比率)× 參考利率 ×
(剩餘日期 /365)

再以盈富基金牛證為例：

盈富基金價格	24.5 元
行使價	21.5 元
收回價	21.9 元
年期	111 日
換股比率	50
參考利率	2%

註：參考利率視乎發行商的借貸成本及應收取的利潤而定，利率高低很受銀行同業拆息影響。為了簡單說明，參考利率暫定於 2%。

牛證內在值 = (24.5 元 – 21.5 元) / 50
= 0.06 元

財務費用 = (21.5 元 / 50) × 2% × (111/365)
= 0.00262 元

牛證理論價格 = 牛證內在值 + 財務費用
= 0.06 元 + 0.00262 元
= 0.06262 元

就這個例子而言，由於盈富基金現價遠高於牛證行使價，所以牛證價格大部分均為內在值，而財務費用則佔牛證價格的一小部分。了解牛熊證價格的兩大組成元素，對如何選擇不同年期及行使價的牛熊證會有很大幫助。

小知識

本港投資者一般會將資產現價跟行使價差距非常小的牛證（或熊證）稱為「貼價牛」（或「貼價熊」）。

牛熊證篇

窩輪篇

期貨篇

期權篇

實戰篇

9. 影響牛熊證的四大因素

到了【牛熊證篇】後部分，這亦是牛熊證較難的地方，但若果清楚了解四大因素，這對買賣牛熊證有莫大幫助。牛熊證價格會受四大因素影響，分別是「特定目標資產價格」、「行使價」、「距離到期日時間」及「波幅」。以下我們獨立分析每一個因素，可以看看不同因素對牛熊證的影響如何。

(A) 追蹤資產價格

牛熊證的價格高低視乎追蹤資產價格與行使價差距而定。先說牛證，假如追蹤資產價格愈高，代表差距愈大，即是牛證行使後回報空間愈大，牛證價格亦會愈高。

同樣道理，熊證的價格高低亦要看行使價與追蹤資產價格差距而決定。如果追蹤資產價格愈低，代表差距愈大，即是熊證行使後回報空間愈大，熊證價格自然水漲船高。

(B) 行使價

明白追蹤資產價格高低對期權金影響的原理後，自然能夠舉一反三明白行使價高低對期權金的影響。由於追蹤資產價格與行使價差距會直接影響牛證價格，牛證行使價愈高，即是差距愈細，牛證行使後回報空間愈細，牛證價格亦愈低。至於熊證則相反，如果行使價愈高，代表差距愈大，熊證價格反而就愈高。

（C） 距離到期日時間

由於牛熊證價格是由內在值及財務費用兩大元素所組成，假設其他因素不變，牛熊證距離到期日時間愈長，代表投資期限愈長，向發行商借款投資所需支付的利息就愈高，故此牛熊證的價值就愈高。

（D） 波幅

波幅是指追蹤資產的波動率，即是未來一段時間股價上落變動的可能性。對於持有牛熊證來說，只要向上或向下變動機會率大致一樣的話，兩者互相抵銷下，波幅上落對大部分牛熊證影響相對輕微。

下表總結四個因素對牛熊證價格的影響：

因素	牛證	熊證
追蹤資產價格上升	上升	下跌
行使價上升	下跌	上升
距離到期日時間愈長	上升	上升
波幅上落	影響輕微	影響輕微

註：假設其餘三個因素維持不變

10.街貨量、重貨區

買賣牛熊證除了要留意槓桿比率、收回價、行使價及換股比率等指標外，另一樣要考慮的是「街貨量」。街貨量是指投資者持倉過市的貨量，街貨量愈大，牛熊證價格就愈受市場供求關係影響。

不講不知，街貨量多少會間接影響牛熊證的財務費用。舉例說，若果一隻牛證的街貨量極高，而同一時間追蹤資產流通量不足，發行商就要在市場高價搶貨來對沖已發行的牛證。在對沖成本增加的情況下，財務費用亦會相應增加，買賣差價就有機會因發行商開價轉趨保守而擴大。

觀察牛熊證街貨量，可以知道市場資金對後市所作出的部署。如果是街貨量以牛證佔比較高，則代表投資者傾向看好人市；若果是熊證居多，則看淡大市的投資者較多。

另一點要注意的是牛熊證較多街貨主要集中在哪一水平，街貨密集區亦即是大家常聽到的「重貨區」。以牛證為例，如果重貨區距離現時追蹤資產價格較近，即代表牛證持貨者看好後市極短期內上升。不過若果大市走勢疲弱，這個指標會被視為反向指標，投資者會視牛證重貨區為短期殺倉位置，大市要反彈則要先待重貨區的牛證全數被打靶後才會回升。

此外，發行商公布指數牛熊證重貨區數據的時候，都會一併公布期指對沖張數，此數字究竟代表甚麼呢？由於發行商需為恒指牛熊證作對沖，而發行商主要以期指作對沖工具，這個數據其實

就是指發行商理論上為已發行的牛熊證作對沖、而持有的期指對沖合約張數。由於牛熊證的換股比率各有不同，可以是 10,000，也可以是 12,000，所以單看重貨區可能會有偏差。有見及此，發行商會統一公布期指對沖張數，好讓投資者客觀地審視數據。

小知識

　　有個有趣的現象是當追蹤資產單邊抽升（或急插），大家會發現市場很難找到貼價牛證（或貼價熊證）。這是由於受到上市條例限制，牛熊證推出市面最快也要三天時間，故此需時等待券商推出新收回區域的牛熊證以供投資者買賣。

窩輪篇

11 窩輪基本概念

「投資牛熊證有被打靶風險，聽說窩輪沒有強制收回機制，那麼投資窩輪豈不是安全得多？」—— 然而凡事有利必有弊，窩輪不用承受打靶風險，影響的因素自然就更多。看到這裡，大家可能會認為窩輪比牛熊證更加複雜，但讀懂之前的概念後，大家對牛熊證已經有一定的知識基礎，要再了解窩輪也絕對不是一件難事。

窩輪是英文 warrant 的譯音，真正的中文名稱為「認股證」，而窩輪持有人有權在合約到期日以行使價買入或沽出特定數量的追蹤資產。跟牛熊證一樣，是本港衍生投資工具的其中一種，每天成交亦是數十億元級別，但比起牛熊證成交就少一截。

窩輪也會追蹤指數或股票的走勢，投資者若果看好後市就買「認購證」（Call Warrant，俗稱「Call 輪」）、看淡後市就買「認沽證」（Put Warrant，俗稱「Put 輪」）。比方說，如果國企指數上升，追蹤國指的認購證價格亦會跟隨上升；如果國企指數下跌，追蹤國指的認沽證價格就會上升。

窩輪也有槓桿成分，亦是由發行商提供，即是投資銀行或者券商（俗稱「輪商」），跟港交所或上市公司本身是沒有任何關連。跟牛熊證一樣，本港上市的窩輪，交收時間也是 T+2（即交易日後兩個交易日進行交收），並於港股交易時段內進行買賣，即上午 9 時 30 分至中午 12 時正及下午 1 時正至 4 時正，一樣是沒有競價時段。同樣地，投資者只要開設股票戶口，簽妥相關風險聲明文件，

就可以買賣牛熊證了。此外，買賣窩輪有一個好處，就是可以豁免印花稅 (0.1%)，交易成本相對較低。

小知識

　　窩輪也可以由上市公司自己發行，而發行的多數是認購證，並以派送形式送給股東，有些情況可供公眾人士認購。不過在本港這些窩輪鳳毛麟角，大家不用特意去認識。

12. 換股比率

　　跟牛熊證一樣，窩輪同樣會有「換股比率」（又稱「行使比率」、「兌換比率」）這個概念，換股比率是投資者向發行商換取 1 股正股所需要的窩輪份數，例如一隻換股比率為 10 的南方 A50（2822）認購證，在到期日時投資者有權用每 10 份窩輪向發行商購買 1 股南方 A50。

　　假設窩輪條款完全一樣，一隻 1 兌 1 價值 1 港元的窩輪，其實相當於一隻 10 兌 1 價值 0.1 港元的窩輪。換股比率這個概念背後邏輯亦是同時貫穿牛熊證及窩輪，之所以將換取 1 股正股的窩輪份數拆成 10 份、50 份及 100 份，是要令窩輪價格跳動變得更敏感，從而吸引貼市的短線投資者參與市場。〔編按：大家可參考【牛熊證篇】第 4 節〈換股比率〉p.21-22 一文。〕

13.對沖值

在開始講解「對沖值」（Delta）前，想問大家一個問題——假如手持一張行使價與正股市價一樣的認購證，每當正股升 1 元，你手上的認購證理論上應該升多少呢？

認購證是否應該升 1 元呢？答案是除非你手上的認購證下一秒鐘到期，否則正常情況下認購證都不會跟正股一樣升 1 元。這是由於認購證一日未到期，正股還是有機會跌穿行使價，從而令窩輪變成廢紙。假設正股上升及下跌概率一樣，那麼認購證應該升多少才是合乎常理呢？

試換一個角度去想，一張行使價與正股市價一樣的認購證，持有至到期日有多少機會率會變成價內呢？由於正股升跌為五五波，即是正股上升機會率是 50%，認購證變成價內的機會率亦是 50%。〔編按：價內概念大家可參考本篇章第 17 節〈窩輪價格的兩大組成因素〉p.47-49 一文。〕問題的的答案已經呼之欲出。每當正股升 1 元，手上認購證升幅就等於認購證到期時進入價內機會率 ×1 元 =50%×1 元 =0.5 元。

由此可見，對沖值是衡量特定目標資產每一個單位變化導致窩輪價格變動的幅度。對沖值的用途有點像測速儀，就是想知道正股每變動 1 元、2 元或 5 元，窩輪價格理論上應該變動多少。舉例說，如果現時南方 A50 行使價 11.5 元認購證的對沖值是 0.8，那大家可以知道當南方 A50 上升 0.5 元，認購證理論上應該上升 0.5

元 × 對沖值 = 0.5 元 × 0.8 = 0.4 元。從以上例子我們亦見到對沖值另一個含義，就是其絕對數值 (Absolute Value) 大小是反映市場認為到期日該認購證在價內結算的機會率。若果南方 A50 行使價 11.5 元、認購證的對沖值是 0.8，即是代表南方 A50 於到期日價格在 11.5 元或以上的機會率為 80%。

認沽證對沖值的原理跟認購證一樣，唯一不同之處是認沽證的對沖值為負數。若果南方 A50 行使價 14 元、認沽期權的對沖值為 -0.5，南方 A50 每下跌 0.5 元，認沽證理論上升 -0.5 元 × 對沖值 = -0.5 元 ×-0.5=0.25 元。

另外，由於對沖值反映窩輪於到期日在價內結算的機會率，因此最大值只會是 1，而最小值則是 -1 (因為根據數學定義，機會率最大絕對值是 1)。

-1<= 對沖值 <=1

然而，請留意對沖值並不是一個不變數值，它會隨其他因素如正股價格、正股波幅及時間等而變動。例如，價內認股證愈接近到期日，對沖值會逐步接近 1，這是由於離到期日時間愈短，本身在價內的認購期權變成價外的變數會愈來愈少。

大家可能會問，對沖值數據在哪裡可以找到呢？其實一點都不困難，本港的報價系統都會有一欄專門顯示對沖值這項數據。

為甚麼對沖值如此重要呢？因為這對計算實際槓桿比率非常有幫助，等我倆在下一道概念來做講解吧！

14. 實際槓桿比率

窩輪跟牛熊證一樣帶有槓桿成分，即是窩輪價格變動必定較追蹤資產變動為高，那自然也要測量槓桿比率水平。換句話說，大家要知道當追蹤資產價格每變動 1%，窩輪價格會用一個甚麼幅度跟隨變動。

以下先將牛熊證的槓桿比率公式換成為窩輪的槓桿比率公式，計算方式完全一樣，只是將牛熊證價格換為窩輪價格：

槓桿比率 = 追蹤資產價格 /（窩輪價格 × 換股比率）

又以南方 A50 認購證做例子，假設南方 A50 現價為 13.5 元，認購證現價為 0.24 元、換股比率為 10 的話，那麼：

槓桿比率 = 南方 A50 現價 /（認購證現價 × 換股比率）
= 13.5 元 /（0.24 元 × 10）
= 5.625 倍

大家千萬不要認為，有了這個比率就可以估算窩輪的變動幅度，這是因為窩輪計算槓桿時需要考慮對沖值這個因素。由於窩輪行使價可以高於或低於追蹤資產價格，令窩輪於到期日在價內結算有不同的機會率。舉例說，假設南方 A50 現價為 13.5 元，行使價 11.5 元的認購證在到期日時在價內結算的機會率必定高於行使價 14.5 元的認購證。正因如此，大家計算窩輪的槓桿比率時必須同時考慮對沖值對窩輪的影響，否則只參考槓桿比率就會高估

了窩輪的槓桿效果。

那麼如何將對沖值這因素加進槓桿比率公式呢？做法非常簡單，直接將對沖值及追蹤資產價格相乘就可以。納入對沖值後的槓桿比率就是實際槓桿比率，公式如下：

實際槓桿比率＝（追蹤資產價格 × 對沖值）/
（窩輪價格 × 換股比率）

假設對沖值是 0.7 為例，實際槓桿比率 =5.625 倍 × 0.7 = 3.94 倍。以實際槓桿比率 3.94 倍為例，南方 A50 每變動 1%，南方 A50 認購證就大約變動 1% × 3.94 倍 = 3.94%。不過就實戰來說，由於買賣認購證有買賣差價，變動幅度不會完全跟足 3.94%。此外，上一道概念也說過對沖值並不是一個不變數值，它會隨著時間而變動。由於實際槓桿比率需要用到對沖值這項數據，實際槓桿比率也會隨著時間而變動，大家需要時刻參考報價機上的最新數據去制定買賣策略。

同樣地大家可能都聽過窩輪敏感度這個概念，即是追蹤資產價格每跳動 1 格，窩輪應跳動多少格。其實大家只要知道實際槓桿比率這個指標，也不必過分在意窩輪敏感度這個概念。反正實際槓桿比率愈高，窩輪的敏感度就愈高，大家就不必再學習類似的概念了。

15.引伸波幅

接下來這個概念會稍為複雜，不過只要了解背後的意義，其實應用起來是非常容易的。發行商網站很多時候會強調要注意「引伸波幅」（Implied Volatility），究竟這是一個甚麼概念呢？

引伸波幅是市場共識認為追蹤資產的預期波幅水平，這個數值是透過將投資界最著名的「布萊克斯克爾斯期權定價模型」（Black-Scholes Model）而計算出來的。由於這本是衍生工具入門書，大家毋須了解期權定價模型的推演過程，只要知道箇中做法就相當足夠。

簡單來說，假設其他因素不變，引伸波幅愈大，窩輪價格就愈高。出現這個現象的原因很容易理解，追蹤資產價格波幅愈高，代表窩輪持有人賺錢機會率亦相應上升，發行商自然要提高窩輪價格來降低對沖風險。

舉個實例大家就會明白，假設大家是發行商的話，一個投資者要求你為公用股窩輪開報價、另一個投資者要求你為比特幣窩輪開報價，明眼人都知道比特幣大升大跌，投資者分分鐘會贏到爆廠，怎可能會開一個比公用股窩輪低的窩輪價格呢？

大家可能會問，比特幣可以大升、亦可以大跌，為甚麼升幅及跌幅不是抵銷呢？原因是窩輪最多輸盡是投資者的本金，即是當比特幣於到期日時跌穿窩輪的行使價，投資者不會明知在輸錢的

情況行使窩輪送錢給發行商，而是讓那張窩輪變廢紙才合理。正因如此，窩輪持有人贏會向發行商收取利潤，輸就會轉身走人，那麼波幅大的追蹤資產，無論是認購證或認沽證也好，發行商都必定會開高價來保障自己。

牛熊證篇

窩輪篇

期貨篇

期權篇

實戰篇

16.窩輪溢價

　　買賣窩輪跟買賣牛熊證一樣,有「溢價」這個概念,溢價的定義是指追蹤資產價格於窩輪到期日前需要變動的幅度百分比,以達至打和點價格水平。由於認購證及認沽證特性相反,其公式也有不同。

　　認購證溢價 = [(認購證價格 × 換股比率)+ 行使價 −
　　　　　　追蹤資產價格] / 追蹤資產價格 × 100%

　　認沽證溢價 = [(認沽證價格 × 換股比率)+ 追蹤資產價
　　　　　　格 − 行使價] / 追蹤資產價格 × 100%

　　雖然窩輪及牛熊證公式幾乎一樣,但為了加深大家對溢價的認識,以下會以南方 A50 認沽證做解說。假設現時有一隻南方 A50 認沽證,行使價是 14 元,換股比率為 10,而我們又額外知道這隻認沽證現價為 0.12 元及南方 A50 現價為 13.5 元。

　　首先,我們先計算兌換 10 份認沽證於到期日時向發行商以 14 元沽出一股南方 A50 所需的成本,兌換 10 份認沽證所需成本 = 10 份 × 0.12 元 =1.2 元,由於我們手上需要有一股南方 A50 正股,才能以 14 元向發行商沽出南方 A50 給我們,所以我們在 10 份認沽證的成本上須額外支付 13.5 元 (於市場買入南方 A50 的款項),換句話說,兌換 10 份認沽證及買入一股南方 A50 的總成本 = 1.2 元 +13.5 元 =14.7 元。

由於認沽證帶有槓桿成分，故此兌換 10 份認沽證及買入一股南方 A50 再向發行商沽出南方 A50 (在這個例子是 14.7 元) 必定是較貴，而當中的溢價就是買入認沽證及追蹤資產價格的總和減去行使價。另外，在報價機顯示的溢價均會以百分比顯示，這個例子的溢價 = (14.7 元 -14 元) / 14 元 × 100% = +5%。

　　同樣地，假設其他因素不變，即是行使價、到期日等維持一樣，投資者選擇一隻溢價較低的窩輪會較為著數。

17. 窩輪價格的兩大組成元素

牛熊證篇

窩輪篇

期貨篇

期權篇

實戰篇

前面已講解窩輪的主要基本特質，接下來就說說窩輪價格的兩大組成元素。窩輪價格由兩大部分組成，分別是「內在值」（Intrinsic Value）及「時間值」（Time Value）。

窩輪價格 = 內在值 + 時間值

窩輪價格第一組成元素是內在值，即是假設窩輪下一秒鐘到期的話，投資者行使窩輪的話會否有錢賺及賺多少錢。

萬變不離其宗，窩輪內在值公式跟牛熊證非常相似：

認購證內在值 =（追蹤資產現價 - 認購證行使價）/ 換股比率

認沽證內在值 =（認沽證行使價 - 追蹤資產現價）/ 換股比率

至於窩輪價格的第二個元素是時間值，說穿了是反映窩輪於到期日前有多大機會趨向價內的指標。假設其他因素不變，若果距離到期日時間愈長，窩輪時間值就愈高。這是由於剩餘的時間愈長，窩輪有更高機會變成價內窩輪，從而令窩輪價值變得愈高。

再用那隻現價為 0.12 元、行使價是 14 元、換股比率為 10 的南方 A50 認沽證做例子，由於南方 A50 現價為 13.5 元，所以：

$$認沽證內在值 = (認沽證行使價 - 追蹤資產現價) / 換股比率$$
$$= (14 元 -13.5 元)/10$$
$$= 0.05 元$$

我們亦可從認沽證價格及內在值推算出認沽證時間值是多少。

窩輪價格 = 內在值 + 時間值

0.12 元 = 0.05 元 + 時間值

時間值 = 0.12 元 - 0.05 元 = 0.07 元

就這個例子而言,內在值佔認沽證價格比例稍為少於時間值佔認沽證價格比例,時間值對其影響會較大。由此可見,了解窩輪價格的兩大組成元素,對日後選擇不同年期及行使價的窩輪有很大幫助。

這裡順道跟大家介紹三個形容追蹤資產價格與行使價之間差價的專有名詞,分別是:價內 (In-the-Money)、平價 (At-the-Money) 及價外 (Out-of-the-Money)。

- 如果追蹤資產價格低於行使價,那認購證就叫做價外認購證及沒有任何內在值。

- 如果追蹤資產價格等於行使價,那牛證就叫做平價認購證,亦沒有任何內在值。

- 如果追蹤資產價格高於行使價,那牛證就叫做價內認購證,及擁有內在值。

同樣地,我們可以用價內、平價及價外來形容認沽證。

▪ 如果追蹤資產價格高於行使價,那熊證叫做價外認沽證及沒有任何內在值。

▪ 如果追蹤資產價格等於行使價,那熊證就叫做平價認沽證,亦沒有任何內在值。

▪ 如果追蹤資產價格低於行使價,那熊證就叫做價內認沽證,及擁有內在值。

認購證

認沽證

18. 影響窩輪的六大因素

　　對窩輪價格的兩大組成元素有了認識後，要知道影響窩輪的四大因素也不太困難。分別是「特定目標資產價格」、「行使價」、「距離到期日時間」及「波幅」。以下我們獨立分析每一個因素，可以看看不同因素對窩輪的影響如何。

(A) 追蹤資產價格

　　窩輪的價格高低視乎追蹤資產價格與行使價差距而定。先說認購證，假如追蹤資產價格愈高，代表差距愈大，即是認購證行使後回報空間愈大，認購證價格亦會愈高。

　　同樣道理，認沽證的價格高低亦要看行使價與追蹤資產價格差距而決定。如果追蹤資產價格愈低，代表差距愈大，即是認沽證行使後回報空間愈大，認沽證價格自然愈高。

(B) 行使價

　　明白追蹤資產價格高低對窩輪價格影響的原理後，行使價高低對窩輪價格的影響亦一目了然。由於追蹤資產價格與行使價差距會直接影響認購證價格，認購證行使價愈高，即是差距愈細，認購證行使後回報空間愈細，認購證價格亦愈低。至於認沽證則相反，如果行使價愈高，代表差距愈大，認沽證價格反而就愈高。

牛
熊
證
篇

窩
輪
篇

期
貨
篇

期
權
篇

實
戰
篇

(C) 距離到期日時間

　　由於窩輪價格是由內在值及時間值兩大元素所組成，假設其他因素不變，窩輪距離到期日時間愈長，代表進入價內的機會愈高，故此窩輪的價值就愈高。

(D) 波幅

　　波幅是指追蹤資產的波動率，即是未來一段時間股價上落變動的可能性。無論是認購證或認沽證也好，波幅愈高，窩輪價格愈高。〔編按：大家可參考本篇章第15節〈引伸波幅〉p.43-44一文。〕

　　相比上述四項因素，以下兩項對窩輪價格的影響較輕：

(E) 利率

　　利率是指無風險利率，即是在零風險下獲取的回報率，在香港銀行的定期存款利率或美國國庫債券孳息率可被視為期權的利率指標。由於現時是低息年代，利率變動對窩輪價格影響極之輕微，大家可以忽略。

(F) 股息

　　當一隻股票落實派發股息後，股價將會於除淨日跌去相等股息金額的幅度。發行商在推出一隻窩輪時，已經參考指數或正股過往派息歷史，將預期的股息包含在窩輪價格內，所以在大部分情況下，派息是不會影響到窩輪價格。不過有一個情況例外，就是如果派息突然跟原本發行商預期有很大分別，或者除淨日突然跟

以往有所不同，這樣就會影響窩輪價格。舉例說，如果追蹤資產派息遠高於預期，代表追蹤資產除淨後股價會比預期低一截，因此認購證價格會即時反映並下跌，相反認沽證價格則會因受惠而上升。

19. 最後交易日、 到期日、計價日

雖然窩輪及牛熊證有很多地方很相似,但兩者的「最後交易日」計法大有不同。窩輪的最後交易日,即買入賣窩輪的最後限期,是「到期日」前四個交易日。假如一隻窩輪將於 7 月 12 日(星期五)到期,最後交易日是倒數前四個交易日,即是 7 月 8 日(星期一)。注意星期六、日及公眾假期不計算在內。這個日子是相當重要的,萬一錯過最後交易日而被逼進入結算過程,投資回報分分鐘會大失預算。

下表總結了指數窩輪最後交易日、到期日及計價日的計算方法:

	6 月 23 日 (星期五)	6 月 26 日 (星期一)	6 月 27 日 (星期二)	6 月 28 日 (星期三)	6 月 29 日 (星期四)	6 月 30 日 (星期五)
指數 窩輪	最後交易日				到期日 計價日	

至於「結算價」,指數窩輪的結算價較為容易,就是以到期日當日指數每 5 分鐘所報指數點的平均數作準。

而股票窩輪的「結算價」就比較複雜,是以到期日前五個交易日,相關正股的平均收市價計算。舉例說,如果南方 A50 到期日前 5 個交易日的股價為 13 元、13.2 元、13.5 元、13.1 元及 12.8 元,那麼:

相關股票窩輪結算價 = 到期日前 5 個交易日的平均收市價
$$= (13+13.2+13.5+13.1+12.8) / 5$$
$$= 13.12 元。$$

下表總結了股票窩輪最後交易日、到期日及計價日的計算方法：

	7月5日 （星期五）	7月8日 （星期一）	7月9日 （星期二）	7月10日 （星期三）	7月11日 （星期四）	7月12日 （星期五）
股票窩輪	計價日	最後交易日 計價日	計價日	計價日	計價日	到期日
股票收市價	13 元	13.2 元	13.5 元	13.1 元	12.8 元	對計價沒 有影響

小知識

　　本港投資者一般會稱非常接近到期日的窩輪為「末日輪」。

20. 窩輪 vs 牛熊證

來到本篇章尾聲，看過前文有關牛熊證及窩輪的基本概念後，相信大家對這兩類衍生工具已有一定認識了。不過回到本篇章開首那條問題：「窩輪沒有打靶機制，是否代表安全得多呢？」其實大家只要知道窩輪跟牛熊證的分別，這條問題絕對難不到大家。

窩輪及牛熊證兩種衍生工具的共同點是帶有槓桿成分，並且均設有到期日。它們最明顯的分別是牛熊證設有強制收回機制，而窩輪則沒有設有這種機制。換句話說，買賣牛熊證有一個非常明顯的缺點，就是當追蹤資產跌至收回價時，無論之後追蹤資產走勢對你如何有利，都只能嘆一句「君子之仇未能報也」。

至於窩輪呢？它的優點在於有險可守，只要追蹤資產向預定方向走，即使中途看錯，最終都能夠獲利。不過相比牛熊證，窩輪就有兩個額外因素要考慮，就是「引伸波幅收縮」及「時間值損耗」。

在前面的章節也有提過，引伸波幅對於牛熊證來說並非影響價格的重要因素（因為牛熊證本身預設時是價內的衍生工具），反而引伸波幅會影響窩輪於到期日進入價內的機會率，所以對其價格影響極之重要。也就是說，就算投資者看中方向，但追蹤資產的引伸波幅較你買入窩輪時大幅收縮的話，你都可以見財化水，誇張的情況下甚至是倒蝕離場。

另一個分別是時間值損耗，窩輪價格的兩大組成元素是內在值及時間值，而時間值會隨著到期日縮短而逐漸收縮。就算其他因

素不變，即使追蹤資產價格、引伸波幅等因素維持一樣，窩輪價格都會隨著每個交易日的過去而下跌。

看到這裡，相信大家已知道「窩輪沒有收回機制」的背後是以甚麼代價換來，答案就是面對引伸波幅收縮及時間值損耗兩大天敵。所以實戰時選擇窩輪抑或是牛熊證，就要讀熟下表總結的三大分別：

牛熊證	窩輪
設有強制收回機制	沒有設有強制收回機制
引伸波幅收縮並非影響價格的重要因素	引伸波幅收縮對價格不利
時間值損耗並非影響價格的重要因素	時間值損耗對價格不利

期貨篇

21 期貨基本概念

一般來說，由於窩輪及牛熊證最大虧損風險只限於本金，較適合剛接觸衍生工具的投資者入手，而隨著大家具備更多投資經驗，亦可進一步了解「期貨」及「期權」市場。雖然期貨跟窩輪及牛熊證一樣，都有槓桿特性，但由於期貨採用保證金制度，稍有不慎有可能連本金都輸凸。〔編按：關於保證金制度，本篇章第 24 節〈基本按金、維持按金〉p.63 會作詳解。〕

先來看看甚麼叫「期貨」吧。期貨的定義是買賣雙方同意在預定的日期，以約定的價格去買賣指定數量的追蹤資產。「期貨合約」是一份具有義務的金融合約，買賣雙方到期時必須以約定的價格完成交易。

以下舉一個例子，大家就會明白期貨到底是一種甚麼的衍生工具。假設閣下是一個種米的農夫，你每年秋天收成時就會賣米給當地城鎮最大的超級市場。作為農夫，你最關心的是收成時的米價水平。若果當年整個城鎮大豐收，超級市場不愁大米供應，只用低價收購你手上的大米，那你當年的收入定必大受打擊。

另一邊廂，作為當地城鎮的超級市場也有地方要擔心，只是它擔憂的方面跟作為農夫的你剛好相反。如果當年天氣欠佳引致農作物失收，超級市場就要在市場高價採購米糧，在經營成本增加的情況下，當年利潤就會大受影響。

牛熊證篇

窩輪篇

期貨篇

期權篇

實戰篇

　　然而如果你跟超級市場願意事先於春天定下買賣合約，雙方協定於秋天收成時以 1 萬元交易 10 噸大米，大家按此安排就能預先鎖定交易價格，雙方屆時就不會失去預算，長遠來說會令雙方業務運作更為穩定。

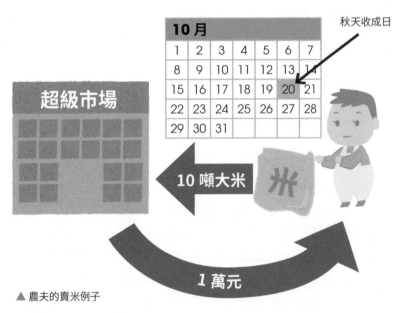

▲ 農夫的賣米例子

商品數量：10 噸大米

合約到期日：秋天收成時

合約價格：1 萬元

合約責任：農夫必須要賣米、超級市場必須要買米

交收方式：農夫交米、超級市場付錢

22. 期貨的三大用途

明白了期貨運作原理後，接下來大家很自然會問：「為甚麼投資者要使用期貨呢？」其實投資者買賣期貨，最主要有以下三個原因。

(A) 方向性買賣

絕大部分情況下，投資者炒股會先買入股票，然後等待股價上升沽貨獲利。然而，期貨跟股票不同之處是不論市況是上升或下跌，都可以獲利。如果你認為指數短期內會上升，你可以買入期貨。若果你認為指數將下跌，沽出期貨就可以了。

(B) 對沖

除了作方向性買賣外，期貨其中一個主要用途就是對沖，為投資者帶來一份保障。舉例說，你任職的公司成功賣盤予跨國上市公司，舊老闆答允向全體同事派發四個月薪金作為答謝金。由於你一直看好香港股市會爆升，恨不得即時將這筆款項全數買入港股。可惜由於賣盤所得的資金是分期付款，舊老闆要三個月後收齊尾數才能發放這筆答謝金。

小知識

大家買賣期貨不必持有至到期日，如果中途想止賺或止蝕也是可以的。

股市衍生工具 **50+1**

牛熊證篇

窩輪篇

期貨篇

期權篇

實戰篇

你很有信心港股短時間內會上升，但答謝金又尚未到手，眼見自己有本錢在手都要見財化水實在感到非常不值。在這情況下，你可以利用期貨對沖這三個月間港股上升幅度。因為你擔心盈富基金(2800)三個月內會上升，於是你可以買入恒生指數期貨作保護，一旦盈富基金於三個月後上升，你可以利用期貨所賺到的利潤，對沖未收到答謝金期間盈富基金的升幅。

除了對沖股市升幅外，期貨也可以用來為你手上的持股作保險。假如你持有中電控股(0002)作長線收息，但你認為環球股市未來兩個月將大幅回落，這個時候期貨也能起到對沖作用。如果你想限制中電股價被股市拖累的下跌風險，你只要沽出恒生指數期貨，萬一大市真的一如預期大幅下跌，期貨獲利就能抵銷中電所錄得的賬面損失。

(C) 套戥

期貨最後一個用途就是「套戥」。不過由於科技進步令市場愈來愈有效率，現時套戥機會已經買少見少，所以就不在此說明了。

23. 合約乘數

在香港交易所成交的期貨主要可分為兩大類，分別是「指數期貨」及「股票期貨」。〔編按：本港也有一些貨幣及商品期貨，但由於成交不算活躍，在此不贅。〕

先說「指數期貨」，在本港俗稱叫「期指」。以恒生指數作為追蹤資產的期貨俗稱為「大期」，即是「合約乘數」（又稱「合約大小」）為每一點 50 港元。亦即是說，當買入恒生指數期貨後，期貨每升一點就賺 50 港元，每跌一點就蝕 50 港元。恒生指數期貨亦設有小型恒生指數期貨供投資者買賣，即本港俗稱的「細期」。細期的合約乘數是大期的五分之一，即每一點 10 港元，投資者買入小型恒生指數期貨後，期貨每升一點就賺 10 港元，每跌一點就蝕 10 港元。假設現時小型恆指期貨為 25,000 點，大家買入後上升至 25,080 點，那麼利潤等如 10 港元 ×（25,080-25,000）＝ 800 港元。

另外，本港亦設有國企指數期貨以及小型國指期貨，合約乘數分別同樣是每一點 50 港元及每一點 10 港元。

至於「股票期貨」，香港交易所有一系列可供買賣的股票期貨，大家可以到港交所查看最新股票期貨買賣名單。一般來說，股票期貨的合約乘數跟相關正股的每手股數一樣，方便大家進行買賣。至於例外的股份主要是每手買賣金額太低，交易所才會將它們合併至每 5 手或 10 手作為合約乘數。為了穩妥起見，大家交易股票期貨前應先到港交所網站再三確認合約乘數才作買賣。

24. 基本按金、維持按金

由於期貨合約是到期時雙方以預先約定的價格進行買賣，除非到期日時價格維持不變，否則到期日時買方及賣方必定有一方賺錢、一方輸錢。交易所為了確保輸錢一方不會賴皮走人，便設立了「按金制度」（或稱「保證金制度」），投資者買賣期貨時必須開立一個期貨戶口來存放按金。

按金可以分為「基本按金」（Initial Margin）〔或稱「基本保證金」〕及「維持按金」（Maintenance Margin）〔或稱「維持保證金」〕，投資者建立期貨倉位時所需的金額就是基本按金，而賬戶內時刻必須維持的金額要求則是維持按金。當期貨賬戶的金額跌穿維持按金時，投資者就會被券商追補按金（俗稱「Call 孖展」）。投資者必須在短時間內存入款項，令期貨賬戶回復至基本按金水平，否則就會被券商強行平倉（俗稱「斬倉」）。此外，當市場大幅波動時，結算所有權要求券商追加按金以防範風險。也就是說，一旦市況波動時，投資者有可能被要求存入額外資金以符合按金要求。

本書【附錄】會教大家如何到港交所網站查找按金資料，但也請大家注意券商是有權收取多於港交所要求的按金，所以大家買賣前請先向閣下經紀確認是否跟隨港交所定下的按金要求。

小知識

本港不少券商的維持按金是基本按金的 80%。

25. 槓桿比率

　　牛熊證的槓桿比率、窩輪的實際槓桿比率，投資者都可以從報價機中直接看到。至於期貨也有槓桿比率，但由於保證金會隨著市況變動以及不同券商有不同保證金要求，投資者需要自行計算出來。

　　在講解期貨的槓桿比率之前，大家要學懂如何計算「期貨名義價值」（Notional Value）。期貨名義價值的計算方法很簡單，就是將期貨現價乘以合約乘數就可以。

期貨名義價值 = 期貨現價 × 合約乘數

　　舉例說，若果恒生指數期貨現價為 25,000 點，而合約乘數為每一點 50 港元，期貨名義價值 = 25,000 × 50 港元 = 1,250,000 港元。

　　了解期貨名義價值後，要計算槓桿比率就很容易，只要將期貨名義價值除以基本按金即可，所以期貨槓桿比率公式如下：

期貨槓桿比率 = 期貨名義價值 / 基本按金

　　再回到恒生指數期貨的例子，如果恒生指數期貨基本按金為 155,000 港元，那麼恒生指數期貨槓桿比率 = 1,250,000 港元 / 155,000 港元 = 8.06 倍。

　　以實際槓桿比率 8.06 倍為例，恒生指數每變動 1%，恒生指數期貨大約變動 1% x 8.06 倍 = 8.06%。

26. 期貨合約細則

在香港成交活躍的期貨有「股票期貨」及「指數期貨」兩大類，而本港期貨市場的其中一個特色是「合約標準化」。

下表是香港股票期貨的合約概要：

項目	合約細則
合約月份	即月、下兩個月、隨後兩個季月
合約股數 （Contract Size）	不同股票有不同合約股數，詳細可參考港交所網站。
交易時間 （Trading Hour）	上午 9 時 30 分至中午 12 時正及下午 1 時正至下午 4 時正 （註：股票期貨並沒有競價時段）
最後交易日 （Expiry Date）	到期月份最後第二個營業日
最後結算日 （Settlement Date）	最後交易日之第一個營業日
最後結算價 （Settlement Price）	以現金結算，以相關股票於最後交易日當天所報的收市價作準。

資料來源：港交所

而下表則為恒指期貨、小型恒指期貨、國指期貨、小型國指期貨、恒生科技指數期貨 (於 2020 年 11 月 23 日推出) 的合約細則：

項目	合約細則
合約月份 (Contract Month)	短期期貨：即月、下月及之後兩個季月；及 遠期期貨：再之後五個 12 月合約 (註：執筆時恒生科技指數期貨尚未推出遠期期貨)
合約乘數 / 合約大小 (Contract Multiplier)	恒指期貨、國指期貨、恒生科技指數期貨：每點 50 元 小型恒指期貨、小型國指期貨：每點 10 元
開市前時段 (Pre-Trading Hour)	上午 8 時 45 分至上午 9 時 15 分及中午 12 時 30 分至下午 1 時正
交易時間 (Trading Hour)	上午 9 時 15 分至中午 12 時正、 下午 1 時正至下午 4 時 30 分及 下午 5 時 15 分至凌晨 3 時正 (合約到期日收市時間為下午 4 時正)
交收方式 (Settlement)	交收日是 T+0，開倉前需要存入期權金或按金。
最後交易日 (Last Trading Date)	到期月份最後第二個營業日
最後結算價 (Settlement Price)	於到期日以現金結算，而最後結算價為到期日恒生指數、國企指數或恒生科技指數期每 5 分鐘所報指數點的平均數；港交所之所以有此安排，主要目的是減低指數於最後一刻出現不必要波動。

資料來源：港交所

小知識

買賣期貨不用支付印花稅，買賣成本較低。

27.高水、低水

　　相信大家看財經新聞時會聽到主持每次為恒生指數期貨報價時，很多時會報道期指當時是「高水」或「低水」幾多點。一時低水、一時又高水，新手確實很容易被混淆，本文就為大家拆解高水及低水當中的奧秘吧。

　　其實期貨高水或低水非常容易分辨，大家只要看看期貨價格是多少，再比較追蹤資產的價格是多少便知道。當期貨價格比追蹤資產高時便屬高水，相反則屬低水，而當期指價格與追蹤資產價格相同時，這種情況便稱為「平水」。

　　在講解為何期貨會出現高水及低水的情況前，大家要先了解期貨理論價格的公式。跟牛熊證及窩輪一樣，期貨都可以用公式去計算它的理論價格，公式如下：

期貨理論價格 = 追蹤資產現貨價格 + 利息收益
– 股息收益

　　看到這裡，大家一定會問為甚麼公式上要加上「利息收益」，並且再減去「股息收益」呢？

　　由於買入期貨實際上等如買入追蹤資產，但在保證金制度下，投資者毋須支付全數金額，只要準備基本按金就能買入期貨。買入期貨好處就是投資者可以用槓桿，例如執筆時買入一手騰訊控股（700）約五萬多元，所需按金僅約七千元，那麼多出來的四萬多

元，投資者可以放在銀行收取利息。由於期貨的槓桿特性令投資者有多餘的錢在手，這就解釋了為何公式上要加上利息收益了。

不過買入期貨就有一個問題，就是不能收取股息。再以騰訊期貨為例，由於投資者只是支付按金，在期貨到期前並未實質成為騰訊的股東，所以無權收取持有期貨期間騰訊所派發的股息。正因如此，這就說明為何公式要減去股息收益。

然而股票不會每月也會派息，只有當股票到除淨月份才會影響期貨理論價格。以股票期貨為例，若果股票於期貨到期日前不會除淨，那麼期貨理論價將會是追蹤資產現貨價格加上利息收益，這亦解釋了為何股票期貨很多時候會出現高水情況。

至於低水情況則於指數期貨很常見，特別是內銀股及內險股除淨時影響特別大。當每年重磅股於 5 至 7 月期間除淨時，公式將變成「期貨理論價格 = 追蹤資產現貨價格 + 利息收益 − 股息收益」，期指往往就會出現低水過百點的情況了。

28. 轉倉

　　由於期貨是有到期日，若果大家想延長到期日，很自然就會將短期期貨平倉，然後再買賣遠期期貨，這個動作就是大家常聽到的「轉倉」（Roll Over）。

　　舉例來說，大家於 9 月買入的即月恒生指數期貨將於 9 月底到期，而你又看好第四季港股後市，那麼隨著時間推移，大家應該於 9 月底到期日前將那張恒生指數期貨沽出平倉，然後立即買入 10 月底到期的恒生指數期貨，從而完成整個轉倉動作。

　　以下概念比較複雜，但大家只要細心去學習，其實也不會太難理解。在轉倉過程中，短期期貨及遠期期貨無可避免地成交價格不會相同，絕大部分時間會出現兩種情況，一是短期期貨較遠期期貨貴，二是遠期期貨較近期期貨貴。

　　當期貨市場出現短期期貨較遠期期貨貴的情況時，這個現象稱之為「現貨溢價」（backwardation）。相反，當期貨市場出現遠期期貨較短期期貨貴的情況時，這個現象稱之為「期貨溢價」（contango）。

　　一般來說，當一種商品短期供應非常緊張的時候，期貨市場就會見到現貨溢價現象。這是由於商品用家短期需求增加，同時商品價格高企會鼓勵生產者增加產能，長遠供應增加會令價格逐步回落。

相反，當一種商品短期供應極度充足，期貨市場就會見到期貨溢價現象。這是由於商品用家短期需求疲弱，而商品價格低企會鼓勵生產者削減產能，長遠供應減少會令價格逐步回升。

假設大家本身已經買入短期期貨想轉倉的話，閣下希望期貨市場出現甚麼現象呢？答案就是現貨溢價，大家轉倉時若能用「比平常更低價」買入遠期期貨，賺錢機會率自然就更高了。

 小知識

投資者在轉倉時會將短期期貨平倉、並且換入遠期期貨，所以轉倉高峯期時大家會發現短期期貨未平倉合約會下降，遠期期貨未平倉合約則會上升。

29.對沖張數

先前說過期貨其中一個用途是用作對沖，那麼投資者究竟如何計算要沽出多少張期貨做對沖呢？方法其實不太複雜，大家第一步先計算過去一個月投資組合跟恒生指數變動，然後將其作比較，看看自己的投資組合跟恒生指數變動相差多少。

舉例說，若果你發現恒生指數每變動 1%，自己的投資組合則變動 1.5%，那麼閣下的投資組合的市場風險等於恒生指數的 1.5% / 1% = 1.5 倍。

投資組合市場風險 = 投資組合變動率 / 恒生指數變動率

知道自己的投資組合的市場風險後，下一步就要計算對沖張數了。若果閣下的投資組合價值是 350,000 港元，並且將會用小型恒生指數期貨對沖，那麼閣下就要計算小型恒生指數期貨的名義價值。

假如小型恒生指數期貨現價為 25,000 點，那麼它的名義價值等於 25,000 × 10 港元 = 250,000 港元。〔編按：大家可參考本篇章第 25 節〈槓桿比率〉p.64 所說明的「名義價值」內容。〕

由於閣下的投資組合的市場風險是恒生指數的 1.5 倍，所以需要對沖的投資組合價值等於 350,000 港元 ×1.5 倍 = 525,000 港元。接下來只要將需要對沖的投資組合價值除以小型恒生指數期貨的名義價值，就能得出需要沽出小型恒生指數期貨的對沖張數。

在這個例子中，對沖張數 = 525,000 港元 /250,000 港元 = 2.1 張，即閣下只要沽出 2 張小型恒生指數期貨就能對沖港股下跌的風險了。

對沖張數 =（投資組合市場風險 × 投資組合現值）/ 用作對沖期貨的名義價值

由於投資組合及期貨價格會不斷轉變，因此對沖張數是一個動態數字，需要隨著市況變動而作出微調。

30.期貨買賣指示

買賣期貨涉及「開倉」及「平倉」，買賣指示會較複雜，本文為大家列出買賣期貨一系列指示，操作期貨也就輕鬆得多。

買賣期貨必要指示：

(A) 追蹤資產名稱 (例如國企指數、滙豐控股)

(B) 到期月份

(C) 買賣張數

(D) 期貨價格

(E) 買入或沽出

(F) 開倉或平倉 (非必要指示，但能大幅減低落錯盤機會)

　開倉及平倉情況：

　　▪ 在沒有持有期貨倉位的情況下 ➡ 買入期貨 (開倉)

　　▪ 在沒有持有期貨倉位的情況下 ➡ 沽出期貨 (開倉)

　　▪ 在持有期貨長倉 (即已買入期貨) 的情況下➡沽出期貨 (平倉)

　　▪ 在持有期貨短倉 (即已沽出期貨) 的情況下➡買入期貨 (平倉)

期權篇

BUY

SELL

31 期權基本概念

四類衍生工具之中，最難理解的必定是期權。那甚麼是「期權」呢？跟期貨一樣，期權是以追蹤資產為基礎的衍生工具，並且可以細分為「認購期權」（Call Options）及「認沽期權」（Put Options）兩大類。

其實期權的定義跟窩輪非常相似。認購期權賦予持有人買入追蹤資產的權利（非義務），持有人能夠在合約到期日或之前以事先約定好的價格向合約方買入指定數量的追蹤資產；而認沽期權則賦予持有人沽出追蹤資產的權利（非義務），持有人能夠在合約到期日或之前以事先約定好的價格向合約方沽出指定數量的追蹤資產。

如此艱深的定義估計大家都很難記入腦，先給一個例子幫助大家了解期權的運作原理。「巨大動力」是一間環球科技龍頭的上市公司，而你預計其利潤有大幅上升空間，故此看好其股價於未來半年內至少上升至 100 元。假設今日是 4 月 1 日，巨大動力股價為 70 元，而到期日為 10 月 30 日、合約股數為 1,000 股、行使價 90 元的認購期權則為 6 元。撇除佣金及其他交易費用，你向合約方買入行使價 90 元的認購期權成本為 6 元 × 1,000 股 = 6,000 元。

假設六個月後的 10 月 30 日，巨大動力一如所料急升至 100 元。眼見自己如此英明神武，你當然立即行使認購期權，以 90 元

牛熊證篇

窩輪篇

期貨篇

期權篇

BUY
SELL

實戰篇

向合約方買入 1,000 股巨大動力。按市場價值計算,你手持的巨大動力浮動盈利(市價 - 行使價)為 10 元 × 1,000 股 = 10,000 元,但由於你買入認購期權時花費了 6,000 元,故此你的利潤應為 10,000 元 - 6,000 元 = 4,000 元。

4月						
						1
2	3	4	5	6	7	8
9	10	11	12	13	14	15
16	17	18	19	20	21	22
23	24	25	26	27	28	29
30						

10月						
1	2	3	4	5	6	7
8	9	10	11	12	13	14
15	16	17	18	19	20	21
22	23	24	25	26	27	28
29	30	31				

到期日

巨大動力

行使價:90 元
認購期權:6 元
合約股數:1,000 股

70 元

巨大動力

市價 - 行使價:
100-90=10 元
認購期權:10 元
合約股數:1,000 股
利潤:10 元 × 1,000 股 -
6 元 × 1,000 股
=4,000 元

100 元

小知識

　　跟期貨一樣,大家不必持有期貨至到期日,若果中途想獲利或止蝕,直接在市場上平倉即可。

32. 期權的六大重要元素

根據定義延伸下去，期權有六大重要元素不得不知，分別是「追蹤資產」、「合約到期日」、「行使價」、「合約大小」、「行使方式」及「交收方式」。

•追蹤資產

期權第一個元素是「追蹤資產」（Underlying Asset），訂立期權合約自然要雙方同意以甚麼資產作為合約的目標，以免合約到期輸錢一方賴皮不認數。在證券交易所交易期權有個好處，就是可以用標準化方式買賣，即「追蹤資產」會是於交易所上市的股票、債券、商品，甚至是指數。在香港交易所成交活躍的期權有兩大種，分別為股票期權及指數期權。

•合約到期日

第二個重要元素是「合約到期日」（Expiry Date），大家照字面意思也可以理解，即是期權持有人行使合約權利的到期日。在香港，股票及指數期權到期日是到期月份最後營業日之前一個營業日。

•行使價

第三元素是「行使價」（Exercise Price），即是雙方預先協定以買入或沽出特定目標產品的價格。以上一文巨大動力的認購期權為例，90 元就是行使價。

牛熊證篇

窩輪篇

期貨篇

期權篇

BUY SELL

實戰篇

・合約大小

期權第四個元素是「合約大小」（Contract Size），指每份期權合約所代表的特定目標資產的數量。以上一文巨大動力的認購期權為例，1,000 股就是合約大小。

・行使方式

第五元素是「行使方式」，亦指可行使期權合約的時間。期權會按行使時間分為兩大類，分別為歐式期權（European Style Options）及美式期權（American Style Options）。兩者分別在於歐式期權只可於到期日當日行使，美式期權則可於到期日或以前的任何時間行使。在香港交易所買賣的期權是兩種方式都有，指數期權是歐式，而股票期權則是美式。

・交收方式

最後一個元素是「交收方式」，是指期權持有人一旦行使期權合約後交收追蹤資產的方法。交收方法有兩種，分別是實物交收或現金交收。實物交收是合約雙方以追蹤資產作現貨交收，上一文巨大動力的認購期權就是以實物交收的期權合約，一旦你行使合約，就可以從合約方手上以 90 元買入 1,000 股巨大動力股票。當然每次實物交收也是非常不便，另一種交收方式是現金交收，就是以現金結算追蹤資產市價及行使價的差價。

33. 期權長倉 vs 期權短倉

雖然說期權跟窩輪大致相似，但有一個重大分別的是期權投資者可以決定「做閒」或「做莊」，而窩輪投資者必定是做「閒家」。再續以前文的巨大動力認購期權作例子，由於你有權利選擇是否行使合約，輸盡也是本金，故此你在例子中的角色是閒家。相反莊家的角色就有所不同，股票上升空間理論上是無限，賣出合約給你的賣家要承受股價潛在上升風險，虧損金額有機會大幅高於預期，但好處就是可以向你收取期權金。在巨大動力認購期權的例子中，你的合約方就是莊家角色，他不能拒絕你在到期時行使合約的要求。

而從巨大動力認購期權的例子中，我們就可以知道甚麼是「期權長倉」及「期權短倉」。期權長倉即從期權持有人角度出發，他需要支付期權金，但就擁有以行使價買貨或賣貨的權利；而期權短倉則從期權發售人角度出發，他可以收取期權金，但就需要擁有足夠財政資源，以履行期權一旦被行使時需要以行使價買貨或賣貨的責任。

小知識

　　若果期權短倉持續獲利的話，在符合期權保證金要求的情況下，即使倉位未平倉，利潤也可以從賬戶提取。

牛熊證篇

窩輪篇

期貨篇

期權篇

BUY
SELL

實戰篇

　　期權最令人吸引的地方是散戶都可以做莊家，即是做期權短倉收取期權金。當然在投資世界中，我們無辦法知道持有期權短倉的人財務實力如何，最有效方法就是要求期權短倉者繳交一筆資金防止違約，而這筆資金就是我們常常聽到的保證金或按金。再次強調，保證金只需期權短倉一方（莊家）繳付，而期權長倉一方（閒家）只須支付期權金即可、毋須額外支付保證金。

小知識

　　由於期權及期指可以組成不同的衍生工具組合，投資者整體所需繳付之按金可能會因持有的組合而上升或下降，而計算方法會以港交所的「標準組合風險分析」（SPAN）的按金計算方法為準。由於「標準組合風險分析」涉及概念複雜，本書不會深入探討，投資者只需要向券商查詢閣下的期權及期指按金要求即可。

34. 未平倉合約

相信初次接觸期貨或期權的投資者，想必會被「未平倉合約」（Open Interest）考起。不過大家只要熟讀本文，其實未平倉合約絕對不難理解。

未平倉合約的定義是指在特定衍生工具市場中有多少張金融合約仍未平倉，例如 5,000 張滙控認購期權未平倉合約就是指滙控認購期權仍有 5,000 張合約尚未平倉。

無論新交易者進場或原有交易者離場，未平倉合約都有機會增加或減少。不過大家只要牢記以下四種情況，其實未平倉合約計算過程不算太複雜。

買方	賣方	未平倉合約
新長倉	新短倉	增加
新長倉	沽出原先持有長倉	不變
回補原先持有短倉	新短倉	不變
回補原先持有短倉	沽出原先持有長倉	減少

舉例說，一間叫「碧血狂牛」的資產管理公司看好大市並買入 100 張認購期權新倉，而另一間叫「四大皆空」的基金公司則看淡大市沽出 100 張認購期權新倉，一間公司開新長倉及一間公司開新短倉，那認購期權未平倉合約便會因此而增加 100 張。要留意的是，由於買賣雙方交易實際只涉及 100 張新倉位，故此不要乘

二變成 200 張未平倉合約。

再舉一個例子說明，一個月後大市持續上升，「四大皆空」眼見認購期權短倉愈輸愈多，決定忍痛平倉。另一間名為「遁入空門」的對沖基金想博大市高位回落，因此想開新倉沽出 100 張認購期權。一間公司回補原先持有短倉及一間公司開新短倉，那麼認購期權未平倉合約便會維持不變。

未平倉合約主要用途是反映資金流向，例如大市突破橫行向下突破，而未平倉合約數量又大幅增加的話，某程度反映有大手資金看淡後市。配合大市走勢，未平倉合約是一個頗實用的資金流向參考指標。

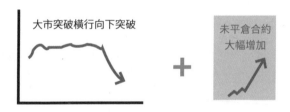

▲ 反映有大手資金看淡後市

最後需要注意的是，成交張數及未平倉合約之間並沒有一個必然關係，例如成交張數高並不代表未平倉合約一定會高，這個概念必須要弄清楚。

35. 期權金公式

期權賦予持有人擁有以行使價買貨或賣貨的權利,那很自然地期權是有價值的,正如巨大動力認購期權一樣,你要付出成本才可以享有這個權利,而這個成本就是我們稱之為「期權金」(Premium)。在巨大動力認購期權的例子中,你向合約方所支付的6,000元就是一張認購期權的期權金。

期權金由兩大部分組成,分別是「內在值」(Intrinsic Value)及「時間值」(Time Value),內在值及時間值會直接影響期權價格水平。

期權金 = 內在值 + 時間值

(A) 內在值

在此重溫一次,內在值的定義是指追蹤資產現價與行使價的差價,若果計算得出的差價是負數,內在值將會設定為零。內在值之所以不會低於零,原因是期權持有人不會在明知虧損情況下行使期權,而是任由期權變作廢才合乎常理。

另外由於認購期權及認沽期權的特性不同,差價計算公式也不一樣。

認購期權內在值 = 追蹤資產現價 - 認購期權行使價

認沽期權內在值 = 認沽期權行使價 - 追蹤資產現價

牛熊證篇

窩輪篇

期貨篇

期權篇

BUY
SELL

實戰篇

又是時候以例子說明。「南方電力」是一間亞洲區的龍頭發電廠，南方電力現價為 100 元，而市場上分別有行使價 80 元、100 元及 120 元的認購期權正在流通。

下表是三種認購期權的內在值計算方法：

100 元 （南方電力現價）	價外認購期權	行使價 120 元	差價 =100 元 -120 元 　　 =-20 元 <0 元 內在值 =0 元
	等價認購期權	行使價 100 元	差價 =100 元 -100 元 　　 =0 元 內在值 =0 元
	價內認購期權	行使價 80 元	差價 =100 元 -80 元 　　 =20 元 內在值 =20 元

跟窩輪一樣，期權也有三個形容特定相關資產市價與期權行使價之間差價的期權專有名詞，分別是「價內」（In-the-Money）、「平價」（At-the-Money）及「價外」（Out-of-the-Money）。

- 如果特定相關資產市價低於行使價，那認購期權就叫做價外認購期權及沒有任何內在值。

- 如果特定相關資產市價等於行使價，那認購期權就叫做平價認購期權，亦沒有任何內在值。

- 如果特定相關資產市價高於行使價，那認購期權就叫做價內認購期權及擁有內在值。

再假設現時有一間公司叫「北方水務」，北方水務是一間北歐的供水公司，而現時市場上分別有行使價 160 元、200 元及 240 元的認沽期權正在流通。

下表是三種認沽期權的內在值計算方法：

200 元 (北方水務市價)	價內認沽期權	行使價 240 元	差價 =240 元 -200 元 =40 元 內在值 =40 元
	等價認沽期權	行使價 200 元	差價 =200 元 -200 元 =0 元 內在值 =0 元
	價外認沽期權	行使價 160 元	差價 =160 元 -200 元 =-40 元 <0 內在值 =0 元

同樣地，我們可以用價內、平價及價外來形容認沽期權。

▪ 如果特定相關資產市價高於行使價，那認沽期權就叫做價外認沽期權及沒有任何內在值。

▪ 如果特定相關資產市價等於行使價，那認沽期權就叫做平價認沽期權，亦沒有任何內在值。

▪ 如果特定相關資產市價低於行使價，那認沽期權就叫做價內認沽期權及擁有內在值。

牛熊證篇

窩輪篇

期貨篇

期權篇

BUY
SELL

實戰篇

(B) 時間值

期權在合約期內，其價值很明顯會因追蹤資產的價格波動而變動。時間值就是反映期權於到期日前有多大機會趨向價內的指標。

假設其他因素不變，若果期權距離到期日時間愈長，期權時間值就愈高。這是由於剩餘的時間愈長，期權有更高機會變成價內期權，從而令期權價值變得愈高。

另一項影響期權時間值因素是特定目標資產的波幅，波幅愈高，期權時間值就愈高。這是因為特定目標資產變動愈厲害，期權理論上更容易變成價內，期權價值亦會隨之上升。

36. 影響期權金的六大因素

　　來到期權比較麻煩的部分，這部分確實有點難理解，但若果能夠掌握以下概念，這對期權交易有莫大幫助。期權金會受六大因素影響，分別是特定目標「資產價格」、「行使價」、「距離到期日時間」、「波幅」、「利率」及「股息」。以下獨立分析每一個因素，我們來研究不同因素對期權金的影響如何。

(A) 追蹤資產價格

　　先談認購期權，期權金的高低視乎追蹤資產價格與行使價差距而定。如果追蹤資產價格愈高，代表差距愈大，即是期權行使後回報空間愈大，期權金亦會愈高。

　　同樣地，認沽期權期權金的高低亦要看行使價與追蹤資產價格差距而決定。如果追蹤資產價格愈低，代表差距愈大，即是期權行使後回報空間愈大，期權金自然水漲船高。

(B) 行使價

　　明白了追蹤資產價格高低對期權金影響的原理後，便更容易明白行使價高低對期權金的影響。由於追蹤資產價格與行使價差距影響期權金的高低，認購期權行使價愈高，即是差距愈細，行使期權後回報空間愈大，期權金亦愈高。至於認沽期權方面，如果行使價愈高，代表差距愈大，期權金就愈高。

牛熊證篇

窩輪篇

期貨篇

期權篇

BUY SELL

實戰篇

(C) 距離到期日時間

由於期權金是由內在值及時間值所組成，假設其他因素不變，期權距離到期日時間愈長，代表未來變數愈大，故此期權金的價值就愈高。

(D) 波幅

跟窩輪一樣，波幅是指追蹤資產的價格波動率，即是未來一段時間股價上落變動的可能性。對於持有股票來說，如果向上或向下變的機會率一樣的話，兩者互相抵銷下，波幅升高是不能提高或降低那隻股票回報期望值的。

不過對期權來說是大有分別的，因為期權持有人最大虧損只會是期權金，波動上升有利他們獲取更高回報。所以不論是認購期權或認沽期權，波幅上升均會令期權金上升。

(E) 利率

利率是指無風險利率，即是在零風險下獲取的回報率，在香港銀行的定期存款利率或美國國庫債券孳息率可被視為期權的利率指標。利率高低對期權的影響並不是這麼容易理解，不過幸好現時為低息時代，這部分大家忽略不去了解也不會影響大家操作期權的。

(F) 股息

當一隻股票落實派發股息後，股價將會於除淨日跌去相等股息金額的幅度。假如其他因素不變，如果一隻股票意外地增加派息，這會對認購期權長倉不利、但就對認沽期權長倉有利，原因是行使期權後特定目標資產價格下跌得比預期多。因此當股息意外上升（下跌），認購期權期權金會下跌（上升），而認沽期權期權金則會上升（下跌）。一般情況下，股票期權價格已反映預期派息或除息影響，這點跟窩輪有點相似。〔編按：大家可以參考【窩輪篇】第18節〈影響窩輪的六大因素〉p.50-52。〕

下表總結六個因素對期權金的影響：

因素	認購期權	認沽期權
特定目標資產價格上升	上升	下跌
行使價上升	下跌	上升
距離到期日時間變長	上升	上升
波幅上升	上升	上升
利率上升	影響輕微	影響輕微
股息上升	下跌	上升

註：假設其餘五個因素維持不變

37. 期權基本四式策略

期權與另外三種衍生工具不同，投資者可以選擇「買入」（Long）或「沽出」（Short）「認購期權」（Call Option）或「認沽期權」（Put Option），即是有四種基本策略，以下介紹期權基本四式策略及其應用：

(A) 買入認購期權(Long Call)

後市看法：預期追蹤資產於到期日前上升

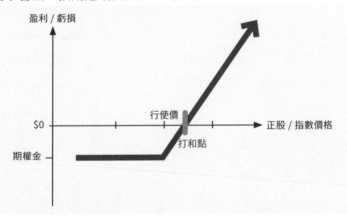

回報：潛在盈利為無限。當指數 / 正股升穿行使價，投資者便可賺取資產價格及行使價的差價。

打和點：當指數 / 正股於到期日升至行使價及期權金總和時，投資者就能平手離場。

時間值影響：假設其他因素不變，時間值減少對持倉者不利。

風險：最大虧損金額為期權金。當指數／正股於到期日在行使價或以下，將會全數損失已付出的期權金。

常用策略：在發布重要事件（如業績期、議息）前買入短期認購期權博追蹤資產上升。

實例：2020 年 4 月，各國採取嚴厲措施應對新冠肺炎疫情，你認為措施推行後全球疫情勢將緩和、市場月底前會憧憬經濟活動逐步恢復，故此於復活節前以每股 0.12 元期權金買入銀河娛樂（0027）4 月底到期行使價 50 元的認購期權。結果銀河娛樂受到環球股市節節上升所帶動，銀河娛樂現貨價由月初的 46 元升至到月底結算價 50.7 元，閣下手持的認購期權金也由 0.12 元升至 0.7 元，獲利約 483%。

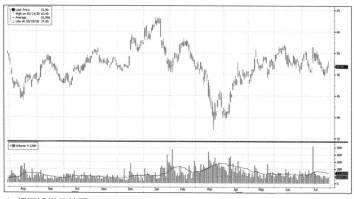

▲ 銀河娛樂日線圖

牛熊證篇

窩輪篇

期貨篇

期權篇

BUY SELL

實戰篇

(B) 買入認沽期權(Long Put)

後市看法：預期追蹤資產於到期日前下跌

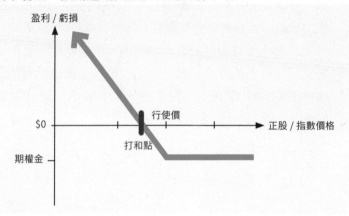

回報：潛在盈利為無限。當指數／正股跌穿行使價，投資者便可賺取資產價格及行使價的差價。

打和點：當指數／正股於到期日跌至行使價減去期權金時，投資者就能平手離場。

時間值影響：假設其他因素不變，時間值減少對持倉者不利。

風險：最大虧損金額為期權金。當指數／正股於到期日在行使價或以上，將會全數損失已付出的期權金。

常用策略：在發布重要事件（如業績期、議息）前買入短期認沽期權博追蹤資產下跌。

實例：2020 年 3 月初，聯儲局提早於下一次議息會議前進行

緊急減息，對上兩次緊急減息分別是 2008 年金融海嘯雷曼兄弟倒閉及 2001 年「911」事件。緊急減息意味著市場流動性緊張，股市短線有下跌風險。若果大家當時看淡恒生指數未來兩星期表現，並且買入恒生指數 3 月底到期行使價 25,000 點的認沽期權，當時期權金約為 400 點。兩星期後隨著新冠肺炎疫情轉差，港股隨著外圍急跌，恒指現貨價由月初的 26292 點跌至到月中的 24033 點水平，閣下手持的認沽期權也由 400 點升至 2300 點，獲利 475%。

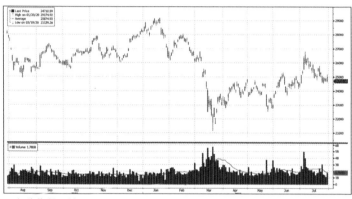

▲ 恒生指數日線圖

(C) 沽出認購期權 （Short Call）

後市看法：預期追蹤資產於到期日前橫行或下跌

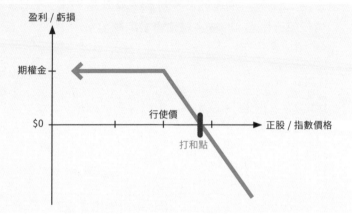

回報：最大潛在盈利限於已收取的期權金。當指數 / 正股股價於到期日時在行使價或以下，投資者便可全數賺取期權金。

打和點：當指數 / 正股於到期日升至行使價及已收取期權金的總和時，整個策略就會平手。

時間值影響：假設其他因素不變，時間值減少對持倉者有利。

風險：最大虧損金額為無限。當指數 / 正股於到期日時升穿打和點，虧損金額為指數 / 正股價格減去打和點。

常用策略：沽出價外認購期權為倉位作輕微對沖。

實例：2020 年 4 月初，友邦保險（1299）正股約 70 元水平徘徊，你看好友邦長線業務發展，但又怕大市轉弱拖累其表現，

牛熊證篇

窩輪篇

期貨篇

期權篇

BUY
SELL

實戰篇

那麼就可以沽出認購價外期權為友邦持股作輕微對沖。2020年4月初友邦行使價 72.5 元於 4 月底到期價外認購期權期權金為 1.78 元，而友邦於 4 月底結算價為 71.95 元。由於結算價低於行使價，你能夠賺取全數期權金。

▲ 友邦保險日線圖

(D) 沽出認沽期權(Short Put)

後市看法：預期追蹤資產於到期日前橫行或上升

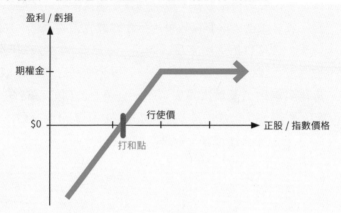

回報：最大潛在盈利限於已收取的期權金。

打和點：當指數／正股於到期日跌至行使價減去已收取期權金時，整個策略就會平手。

時間值影響：假設其他因素不變，時間值減少對持倉者有利。

風險：最大虧損金額為指數／正股價格減去已收取期權金，潛在虧損金額極大。當指數／正股於到期日時跌穿打和點，虧損金額為打和點減去指數／正股價格。

常用策略：對於看好後市又想低價吸納的投資者，可以沽出價外認沽期權；若果追蹤資產於到期日跌至行使價或以下，則存入所需款項以行使價買入追蹤資產，若果追蹤資產於到期日時於行使價以上，期權金則袋袋平安。

實例：2020 年 4 月中，領展房產基金（0823）於 67 至 70 元區間上落，你看好領展於本港收租地位穩如泰山，長線會為股東提供穩健的租金收益。雖然你有足夠資金投資，但為穩陣起見不願意高追，只堅持較低水平才會買入領展收息。在這個情況下，你可以用沽出 4 月底到期、行使價 67.5 元領展認沽期權收取每股 0.75 元期權金。萬一領展於到期日時跌穿 67.5 元，你就可以用低價買入領展，而一旦領展於到期日時高於 67.5 元，那期權金則袋袋平安。由於 2020 年 4 月底領展結算價為 69.6 元，那麼你可以全數賺取期權金。

▲ 領展日線圖

38. 期權合約細則

BUY
SELL

牛熊證篇

窩輪篇

期貨篇

期權篇

BUY
SELL

實戰篇

　　在香港成交活躍期權有「股票期權」及「指數期權」兩大類，而本港場內期權市場的其中一個特色是「合約標準化」。

　　下表是香港股票期權的合約概要：

項目	合約細則
合約月份 (Contract Month)	即月、隨後三個曆月、隨後三個季月
合約股數 (Contract Size)	不同股票有不同合約股數，詳細可參考港交所網站。
合約價值 (Notional Value)	每股期權金 × 合約股數
交易時間 (Trading Hour)	上午 9 時 30 分至中午 12 時正及下午 1 時正至下午 4 時正 （註：股票期權並沒有競價時段）
到期日 (Expiry Date)	到期月份最後第二個營業日
行使方式 (Exercise Style)	美式期權，期權持有人可於任何營業日（包括最後交易日）的下午 6 時 45 分之前隨時行使，但要注意證券行對下達指示的截止時間將會較下午 6 時 45 分早，大家可向閣下證券行查詢詳情。
交收方式 (Settlement)	股票期權買賣以現金交收（T+1），股票期權行使時則以正股實物交收（T+2）。

交收過程 **(Settlement Process)**	若果投資者持有認購期權或認沽期權長倉於到期日的內在值是行使價 1.5% 或以上都會被結算所自動行使。 若果投資者所沽出的認購期權被行使，投資者需於下兩個工作日 (T+2) 交收股票。對於本身沒有正股的投資者，則必須於下一個工作日 (T+1) 內買入相關正股。 至於如果投資者所沽出的認沽期權被行使，投資者有責任以行使價接貨買入相關正股，投資者於下一個工作日 (T+1) 內請準備足夠資金以行使價買入相關正股。

資料來源：港交所

　　有個情況雖然很少出現，但大家亦須知道怎樣處理，就是正股停牌對股票期權的影響。正股停牌，順理成章其股票期權亦會停牌，但股票交收仍然會按正常程序進行，即是長倉持有人仍然可以行使股票期權，而期權合約須於下兩個工作日 (T+2) 進行交收。若果正股在期權到期日仍未復牌，結算價就以正股最後所報價的收市價作準。當然，期權持有人仍有權利行使期權。

　　至於說到香港最活躍的指數期權，必定是恒生指數期權（下稱「恒指期權」）及國企指數期權（下稱「國指期權」）。恒生指數及國企指數是亞洲區廣泛被投資者採納的基準指數之一，兩隻指數的成分股主導每天大市走向及成交額。以香港兩隻旗艦指數做特定目標資產的指數期權，而且 2021 年又有恒生科技指數期權加入，自然是投資者互相角力的戰場。要在競爭如此激烈的市場跑出，必定要先知道這三隻指數期權的玩法。

　　跟恒生指數、國企指數及恒生科技指數期貨一樣，恒指期權及

股市衍生工具 **50+1**

牛熊證篇
窩輪篇
期貨篇
期權篇
BUY
SELL
實戰篇

國指期權按合約乘數分為每點 50 元及每點 10 元的期權系列，亦即是俗稱為「大型期權」及「小型期權」。恒生科技指數期權執筆時只有大型期指，合約乘數為每點 50 元。由於小型期權的合約乘數為大型期權的五分之一，期權的盈虧變動亦是大型期權的五分之一，方便投資者進場及執行交易策略（如微調對沖）。

雖然港交所為吸納場外交易，亦有提供具靈活性行使及合約月份的自訂條款指數期權合約，但一般投資者只要了解標準化指數期權，已經足夠上陣殺敵。

下表是恒指期權、小型恒指期權、國指期權、小型國指期權及恒生科技指數的合約細則：

項目	合約細則
合約月份 （Contract Month）	短期期權：即月、下三個月及之後的三個季月 遠期期權（除恒生科技指數期權外）：之後五個 6 月及 12 月合約月份
合約乘數／合約大小 （Contract Multiplier）	恒指期權、國指期權、恒生科技指數期權：每點 50 元 小型恒指期權、小型國指期權：每點 10 元
交易時間 （Trading Hour）	上午 9 時 15 分至中午 12 時正、 下午 1 時正至下午 4 時 30 分及 下午 5 時 15 分至凌晨 3 時正 （合約到期日收市時間為下午 4 時正）
交收方式 （Settlement）	交收日是 T+0，開倉前需要存入期權金或按金。
到期日 （Expiry Date）	到期月份最後第二個營業日

	指數點	行使價間距
	短期期權：	
	≥ 20,000	200
行使價間距	≥ 5,000 至 < 20,000	100
(Strike Price Intervals)	< 5,000	50
	長期期權：	
	≥ 20,000	400
	≥ 5,000 至 < 20,000	200
	< 5,000	100
行使方式 (Exercise Style)	歐式期權	
交收過程 (Settlement Process)	於到期日以現金結算，而最後結算價為到期日恒生指數或國企指數每 5 分鐘所報指數點的平均數；港交所之所以有此安排，主要目的是減低指數於最後一刻出現不必要波動。	

資料來源：港交所

牛熊證篇

窩輪篇

期貨篇

期權篇

BUY
SELL

實戰篇

小知識

　　為了豐富現時的月度指數期權組合，港交所也推出了恒指及恒生國企指數的每周指數期權合約，讓投資者管理恒指及恒生國企指數持倉的短期風險。 每周指數期權與月度指數期權十分相似，只是到期日是在每周最後一個營業日，而非每月倒數第二個營業日。每周指數期權的到期日較短，期權金遠比月度指數期權合約低，時間值損耗亦快許多，較適合短期買賣。不過由於這本是入門書，而每周到期期權操作難度也較高，所以不特意列出每周到期期權的交易細則了。

39.期權買賣指示

　　買賣股票、牛熊證及窩輪的指示，投資者只要向銀行或證券行報上名稱／編號、買賣方向、股數及價格就能下達交易盤。然而，由於期權條款較多元化，買賣指示自然也較多，以下總結買賣期權一系列「必要指示」，好讓各位買賣時更得心應手。

　　買賣期權必要指示：

　　(A) 追蹤資產名稱（例如恒生指數、恒生科技指數、騰訊控股）

　　(B) 認購或認沽期權

　　(C) 到期月份

　　(D) 行使價

　　(E) 買賣張數

　　(F) 期權金價格

　　(G) 買入或沽出

　　(H) 開倉或平倉　（非必要指示，但能大幅減低落錯盤機會）

牛熊證篇

窩輪篇

期貨篇

期權篇

BUY
SELL

實戰篇

開倉及平倉情況：

- 在沒有持有認購期權長倉的情況下➡沽出認購期權（開倉）

- 在沒有持有認沽期權長倉的情況下➡沽出認沽期權（開倉）

- 在沒有持有認購期權短倉的情況下➡買入認購期權（開倉）

- 在沒有持有認沽期權短倉的情況下➡買入認沽期權（開倉）

- 在持有認購期權長倉的情況下➡沽出認購期權（平倉）

- 在持有認沽期權長倉的情況下➡沽出認沽期權（平倉）

- 在持有認購期權短倉的情況下➡買入認購期權（平倉）

- 在持有認沽期權短倉的情況下➡買入認沽期權（平倉）

小知識

在衍生工具市場，長倉指已買入的倉位，短倉指已沽出的倉位。例如持有認購期權長倉，就是指投資者已買入認購期權的意思。

40. 期權 VS 牛熊證及窩輪

BUY
SELL

　　來到本篇章尾聲，大家或者會有以下疑問，窩輪、牛熊證及期權這三種衍生工具非常相似，究竟它們有甚麼分別呢？在探討三者之間的分別前，我們先簡單重溫窩輪及牛熊證這兩種衍生工具有甚麼特質。

　　在香港，牛熊證是由發行商（即投資銀行或券商）所發行，投資者只要承擔利息開支就可以獲取槓桿效應。不過，牛熊證就設有強制收回機制，只要追蹤資產的價格觸及發行商預先設定的收回價，即使牛熊證尚未到期，亦會被發行商即時強行收回，投資者因而會損失絕大部分甚至是全部投資金額。牛熊證是三者之中唯一設有強制收回機制的衍生工具。至於分類方面，牛熊證一樣分為兩大類，看好追蹤資產就選擇牛證，看淡追蹤資產則可選擇熊證。

　　至於本港窩輪絕大部分是由發行商所發行，持有人有權於到期日前以行使價向發行商買入或沽出追蹤資產。跟牛熊證一樣，窩輪可分為兩種，有權於到期日前向發行商買入追蹤資產的窩輪叫認購證，有權於到期日前向發行商沽出追蹤資產的窩輪叫認沽證。

　　至於期權跟牛熊證及窩輪最大的分別是，牛熊證及窩輪是不容許在沒有持貨情況下做短倉，即是要沽貨必須要有貨在手。換句話說，期權是容許投資者決定是做莊家或做閒家。牛熊證、窩輪、認購期權及認沽期權買家，由於有權利選擇是否執行合約，輸盡

的最多也是已投入的本金。相反，認購期權及認沽期權賣家就要承受無限的虧損風險。此外，期權賣家也要時刻符合交易所定下的保證金要求。

下表總結了期貨、期權、牛熊證及窩輪的特性：

	期貨	期權	牛熊證	窩輪
定價	取決於追蹤資產價格及持倉成本	取決於追蹤資產價格、行使價、到期日、波幅等因素	取決於追蹤資產價格、收回價、到期日等因素	取決於追蹤資產價格、行使價、到期日、波幅等因素
槓桿比率水平	10 至 15 倍	5 至 15 倍，取決於行使價，比率可以更高	5 至 15 倍，取決於行使價，比率可以更高	5 至 15 倍，取決於行使價，比率可以更高
資金成本	香港銀行同業拆息，並已反映於價格內	香港銀行同業拆息，並已反映於價格內	香港銀行同業拆息，並已反映於價格內	香港銀行同業拆息，並已反映於價格內
印花稅	沒有	沒有	沒有	沒有
可否沽空	可以	可以	不可以	不可以
波幅敏感度	極低	高	極低	高
時間值影響	極微	接近到期日會增加影響力	接近到期日會增加影響力	接近到期日會增加影響力

資料來源：港交所

牛熊證篇

窩輪篇

期貨篇

期權篇

BUY SELL

實戰篇

實戰篇

41 交易日期

衍生工具跟股票不同,股票可以長期持有,沒有到期日的限制。然而衍生工具就不能無限期持有,一旦錯過最後交易日,投資者就要進入結算過程,投資很容易大失預算。舉例說,例如恒指期貨結算時以當日每 5 分鐘報價作準,就算你看中結算日之後的方向都會贏少好多。

正因如此,買賣衍生工具必須清楚知道股市的交易日期、甚麼日子是「半日市」(例如平安夜),否則股市無開市真是神仙都幫不到你平倉。另外,買賣牛熊證及窩輪必須留意最後交易日,千萬不要誤將「到期日」當成「最後交易日」,否則就要被逼進入結算程序。

至於本港期貨及期權最後交易日,則是到期月份最後第二個交易日,但倒數第二個交易日時要考慮公眾假期的影響,不要因公眾假期而錯過期貨及期權最後交易日。

另外,港交所亦設有日曆供投資者參考,內含香港及中國公眾假期、各類指數期貨及期權的最後交易日、滬港通及深港通休市日等資料,非常方便。

「港交所一日曆」網站

https://www.hkex.com.hk/News/HKEX-Calendar? sc_lang=zh-hk

42. 央行議息

買賣衍生工具除了要熟知股市交易日及最後交易日外，還有三種日子大家必須要知道。若果操作衍生工具卻對以下三種日子毫不知情，倉位分分鐘因大市裂口高開或低開而損傷慘重。

大家務必要知道的就是「央行議息」的日子，特別是「美國聯儲局」、「歐洲央行」及「日本央行」這三大央行，它們在全球資產市場具有一定的影響力，一舉一動都備受市場關注。

至於對港股走勢影響最大，一定是美國聯儲局議息。美國聯儲局每次議息都會總結經濟走向及為貨幣政策作出展望，議息周期大約每五至八個星期一次，為期兩日，並於香港時間星期四凌晨公布議息結果。

歐洲央行及日本央行每年議息共八次，逢 2、5、8 及 11 月不會舉行議息會議。雖然這兩間央行重要性不及美國聯儲局，但要留意的是它們會否有跡象推行大型量化寬鬆措施，從而提振股市。

值得一提的是，中國人民銀行並無議息習慣，加息、減息、調整存款準備金額均在中國及香港股市收市後公布，所以很難有固定模式去捉摸。

43. 中美重要經濟指標

各地央行制定貨幣政策時會參考經濟數據,故此投資者不得不留意。經濟數據可謂五花八門,有失業率、就業不足率、通脹率、工業增加值、石油庫存、進出口數據等,每個星期要吸收這麼多指標,相信會吃不消。

以下為各位精挑四個最受投資者關注的中美經濟指標:

美國非農就業數據(Non-Farm Payroll)

美國非農業人口的就業數據是由美國勞工部每月公布一次,反映美國勞動市場的趨勢,數據理想表示經濟向好,數據失望即表示經濟疲弱。非農就業數據會影響美國聯儲局的貨幣政策,美國聯儲局有機會在就業情況變差時減息刺激經濟。

美國新領失業救濟金人數(Unemployment Insurance Weekly Claims)

由美國勞工部每周公布,為對上一個星期首次申請失業救濟金人數。跟非農就業數據同樣是勞工市場的重要指標,數據好壞會影響美國聯儲局制定貨幣政策的決定。

中國居民消費價格指數（CPI）

由中國國家統計局每月公布一次，指數編製包含超過三百種商品及服務，反映與中國居民生活有關的產品及服務的物價變動率，即是俗稱「通脹率」。中港投資者普遍視之為中國人民銀行會否放水的經濟指標，若果中國通脹率處於低水平，中國人民銀行就有空間放水。

中國工業品出廠價格指數（PPI）

由中國國家統計局每月公布一次，反映中國全部工業產品出廠價格總水準的變動趨勢。其實中國工業品出廠價格指數是用來衡量製造商出廠價變化，數值偏高會令投資者擔心通脹風險，數值偏低則有通縮風險，所以大家最樂見的是這個數據符合預期。

除了上述四項經濟指標，大家可能會問「國內生產總值」（GDP）不重要嗎？的而且確，國內生產總值是一個非常重要的經濟指標，但由於股市往往領先經濟，滯後的經濟指標很少會令股市大幅波動。正因如此，投資者不必過分在意國內生產總值的高低，反正股市已經提前反映相關消息了。

44. 業績、股息

　　若果大家買賣追蹤資產為股票的衍生工具時，有兩類日子必須注意，分別是股份業績公布日及除淨日。上市公司每半年會於港交所公布其半年及全年業績（有部分更會公布季度業績），當中包括損益表、資產負債表及現金流量表（如有），以反映公司於業績期內的營運狀況。藍籌股往往更會舉行業績發布會，分析師會於席間向管理層提問公司發展前景、拓展策略等問題，股價表現基本上會根據業績好壞及管理層回應而發展。投資衍生工具很著重買賣時機，有時候大家若然錯過加碼或平倉的黃金時機，絕對會吃大虧。

　　先重溫一下股息對衍生工具定價的影響，當一隻股票落實派發股息後，股價將會於除淨日跌去相等股息金額的幅度。無論是牛熊證、窩輪、期貨及期權，投資者或發行商已經參考指數或正股過往派息歷史，將預期的股息包含在衍生工具價格內。亦即是說，除非派息大幅偏離市場預期，否則它們的價格都不會受到影響。

　　有這樣想法是正確的，但有兩種情況下必須注意股份除淨日，分別是買賣牛證及沽出認沽期權。雖然理論上股份除淨不會影響當日的牛熊證價格，但若果股價因除淨下跌而觸及牛證的收回價而被強制收回，那你真的欲哭無淚了。

　　同樣道理地，當你沽出認沽期權後，眼見正股價格離行使價仍有一段距離，心想應該不用預備資金接貨，然而當股份除淨下跌

而跌穿認沽期權行使價，沒有準備充足資金買入股份的話就會大失預算。

所以無論如何，投資者都要養成買賣股票衍生工具前，都應先查看未來業績公布日期及除淨日期，以免輸冤枉錢。

以下為港股各大上市公司的董事會會議連結，當中會列出上市公司即將公布的業績及會議日期，大家在交易前可預先查閱心水股份何時出業績，交易自然就更得心應手了。

董事會會議通知

日期 ： 28/04/2020

下表綜合列出上市發行人所公佈的董事會會議召開日期。本清單未必盡列所有同類事項，並僅供參考。閣下應隨時留意上市發行人的公告。如欲搜尋上市發行人發出的公告及公司通訊，請使用以下網址：
https://www.hkexnews.hk/index_c.htm

備註：有關資料將在董事會會議日後移除。

會議日期	證券簡稱	代號	目的	期間
29/04/2020	亞美能源	2686	業績	截至31/03/20止3個月
29/04/2020	中國國航	753	第一季業績	截至31/03/20止3個月
29/04/2020	亞洲水泥（中國）	743	季度業績/中期股息	截至31/03/20止3個月
29/04/2020	中國銀行	3988	業績	截至31/03/20止季度
29/04/2020	金隅集團	2009	業績	截至31/03/20止3個月

資料來源：港交所

港股各大上市公司董事會會議連結：

https：//www.hkexnews.hk/reports/bmn/ebmn_c.htm

牛熊證篇

窩輪篇

期貨篇

期權篇

實戰篇

至於股份除淨日就更容易查到，本港不少財經網站都能免費查閱，例如以下網站的報價畫面右上方就有「派息」一欄，只要一按就能查閱過往及未來一期的派息資料，過程十分簡單。

> ▼按「派息」一欄就能查閱過往及未來一期的派息資料

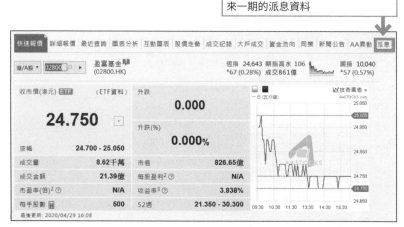

資料來源：aastocks

資料來源：aastocks

45.倉位風險

「水能載舟、亦能覆舟」，衍生工具是一把雙刃劍，適當運用能夠增強回報，但運用不當的話跟倒錢落海沒有分別。作為精明投資者，買賣衍生工具前必須知道自己的倉位風險。

牛熊證及窩輪是最容易計算倉位風險的衍生工具，因為最大倉位風險就是已投入的本金，不會輸突。買入認購期權及認沽期權也是容易評估風險，輸盡也是期權金，都是有數得計。

不過接下來兩種情況就要小心，分別是沽出期權及買賣期貨，因為是有機會輸突已投入的按金。由於在按金制度下，交易所是容許大家沽出「名義價值」（Nominal Value）高達 8 至 15 倍的期貨及期權 （即槓桿倍率達 8 至 15 倍）。股價有無限上升空間相信大家都知道，但就算下跌也可以超出想像的空間，例如期貨都可以跌至負數。

2020 年 4 月，美國原油儲存設施因全球石油需求下降已經近乎爆滿，當時持有 5 月 WTI 原油期貨（西德州中級原油期貨）的投資者須為所持合約所對應的原油實物尋找儲存設施。由於 WTI 油價期貨為實物交收的合約，持有 WTI 原油期貨寧願貼錢也要盡快沽出持倉，因為他們也找不到地方儲存原油實物，總不會送到自己家裡吧！在這個情況下，5 月 WTI 原油期貨於到期前夕曾經跌穿負 37 美元。若果投資者當時以為資產最多跌到零而大手買 WTI 原油期貨的話，整個投資賬戶恐怕已經滿目瘡痍。

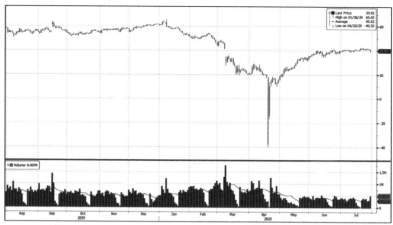

▲ WTI 原油期期跌至負數

　　所以奉勸大家在買賣期貨及沽出期權時，千萬不要用盡按金制度下所容許的槓桿比率，整個倉位風險控制在 2 至 4 倍以內較為合適。說到底，投資又不是賭身家，世間上還有很多事情要追求。

46.買賣差價

在香港，莊家一般被認為是大股東幕後人士透過增持或減持手上股票操縱價格。不過在衍生工具市場，能否成功執行買賣指示，特別是流通性差或街貨量比例低的衍生工具，「市場莊家」（Market Maker）就擔當起一個非常重要的角色。他們最重要職能是向市場提供流通性，從而確保市場運作暢順。當然一些流動性良好的產品例如恒生指數期貨，投資者本身已提供極佳的流通量，買賣差價極低，執行買賣自然毫無難度。

在牛熊證及窩輪，發行商就擔當了市場莊家角色，向市場提供買賣盤（俗稱「開價」）供投資者買賣。至於期貨及期權，亦有獲港交所認可的市場莊家參與開價，大部分期貨及期權交易平台都有提供向莊家問價的功能，方便大家完成交易。

雖然衍生工具設有市場莊家制度，但他們不會在上午 9 點 30 分開市時就立即開價，而是會等待 5 分鐘後才會積極開價。這是由於股市一開市時買賣盤有機會集中於首 5 鐘執行，潛在波動性較大，市場莊家為保障自己不會進取開價。另外要注意的是，「末日」、「超級價外」、「超級遠期」的牛熊證／窩輪／期貨／期權、正股停牌，市場莊家都有權不開價或者是開出差價極闊的買賣盤。正因如此，投資者在買賣「末日」、「超級價外」、「超級遠期」的牛熊證／窩輪／期貨／期權時，注碼必須要比正常細，以免一旦急於平倉時慘蝕差價。

47.引伸波幅收縮

在四類衍生工具之中，窩輪及期權價格會受追蹤資產的引伸波幅高低所影響。大家千萬不要小看引伸波幅的影響，一至兩個百分點變動可以撼動相關窩輪及期權一成價格。除非閣下對統計學非常有興趣，否則相信絕大部分投資者只是想利用窩輪及期權來捕捉方向賺錢，而非靠推斷引伸波幅擴張或收縮而獲利。

一般而言，如果大家認為引伸波幅短期內會收縮，那麼理想的做法是選擇牛熊證及期貨效果會較理想，以免「引伸波幅收縮」（俗稱「縮 Vol」）而蝕錢。萬一大家真的希望買賣窩輪及期權，都有兩個法寶減低引伸波幅收縮的影響。

大家可以選擇到期日較遠的窩輪及期權，兩至三個月後到期為佳，這是由於短期窩輪及期權對引伸波幅敏感度較高，故此應避重就輕選擇遠期減低其影響。

另外就是選擇貼近行使價的窩輪及期權，因為窩輪及期權受正股走勢影響較大，能夠蓋過引伸波幅收縮的影響。

有了這兩個貼士，大家買賣窩輪及期權時要應對縮 Vol 自然不會束手無策了。

48. 鎖倉不如平倉

或許大家聽別人提過，投資者可以透過「鎖倉」增加回報及／或減低風險。說出「鎖倉」這個如此威武的詞語，至少輸人不輸陣，形象即時變得非常專業！不過，將一件事情複雜化，分分鐘不得要領。

那究竟甚麼是「鎖倉」呢？「鎖倉」又跟「平倉」有甚麼分別呢？先重温「平倉」概念，「平倉」是指期權／期貨交易者買入或賣出與其手持期權／期貨相同數量及到期月份、但交易方向相反的合約，以結算原有持倉。其實「鎖倉」及「平倉」的操作方向一致，但「鎖倉」定義上則沒有「平倉」那麼高要求，「鎖倉」是指期權／期貨交易者以透過與持倉相反的交易策略，極大幅度抵銷原有倉位風險。

舉例說，假設你原先持有一張「冰魚公司」2022 年 12 月到期、行使價 2,800 元的認購期權，但後來你認為公司潛力不如想像般這麼大，故此想止蝕離場。最簡單直接方法當然是沽出手上那張冰魚公司 2022 年 12 月到期、行使價 2,800 元的認購期權平倉。當然你可以堅持不放棄，那你可以沽出冰魚公司 2022 年 11 月到期、行使價 2,800 元的認購期權鎖倉，將原先認購期權倉位浮動盈虧大幅度鎖定。進行鎖倉後，倉位浮動盈虧將不會進一步擴大。

以上述例子來說，如果冰魚公司 2022 年 11 月到期處於 2,800 元以下結算、2022 年 12 月內短暫升穿 2,800 元讓閣下沽出離場，你是有機會不用錄得虧損。不過很多時大家忽略鎖倉有一個明顯

缺點，就是大家鎖倉後將會同時出現長倉及短倉，大部分情況下需要額外付出按金。就算兩組可以同時符合抵銷按金要求，日後平倉亦會產生額外佣金及其他滑移成本。

一般來說，除非因特殊因素未能將原有持倉平倉（例如某個市場因假期休市），否則新手絕對不宜用鎖倉來應付倉位波動，「鎖倉」一詞有型但並不代表一定賺錢。

止蝕離場

2022 年 11 月					
	1	2	3	4	5
6	7	8	9	10	11	12
13	14	15	16	17	18	19
20	21	22	23	24	25	26
27	28	29	30			

到期日
行使價：2,800 元

▲ 2022 年 11 月進行「鎖倉」後，倉位浮動盈虧將不會進一步擴大。

2022 年 12 月					
				1	2	3
4	5	6	7	8	9	10
11	12	13	14	15	16	17
18	19	20	21	22	23	24
25	26	27	28	29	30	31

到期日
行使價：2,800 元

▲ 直接沽出認購期權 [平倉]。

49. 買賣貼士

看了差不多整本書，以下一口氣為大家總結四大類衍生工具的買賣貼士吧！

考慮因素	牛熊證	窩輪	期貨	期權
實際槓桿	愈高愈好	愈高愈好	注意倉位風險	長倉：愈高愈好 短倉：注意倉位風險
引伸波幅	影響輕微	開倉時愈低愈好、持倉時波幅擴大有利	沒有影響	長倉：開倉時愈低愈好、持倉時波幅擴大有利 短倉：開倉時愈高愈好、持倉時波幅收窄有利
街貨量	一般 愈低愈好	一般 愈低愈好	愈高愈好	視乎情況
溢價	愈低愈好	愈低愈好	愈低愈好	視乎情況
開價盤量	愈大愈好	愈大愈好	愈大愈好	愈大愈好
開價價差	愈窄愈好	愈窄愈好	愈窄愈好	愈窄愈好
到期日	避免超遠期	避免超遠期	即月及下月為佳	即月及下月為佳
行使價	不適用	避免超價外	不適用	避免超價外
股息除淨日	需要注意	不適用	不適用	沽出認沽期權需要注意
按金制度	不適用	不適用	適用	長倉不適用，短倉適用

註：假設其他因素不變

50.切忌翻倍式加碼

在賭場百家樂，有一種方法很有名，就是「馬丁格爾（Martingale）策略」，最早起源於 18 世紀的法國，由一對夫妻馬丁與格爾所發明。這個策略非常簡單，玩家只要不斷重複押注一個方向（例如決定做閒家就一直做閒家），之後每輸一局，玩家下一局就將已輸那局的注碼加大一倍，直至贏錢才收手。

舉例說，假設玩家第一局押注 100 元買閒家勝出，但結果是莊家勝出。那麼玩家第二局就押注 200 元買閒家勝出，若果第二局輸掉的話，第三局就押注 400 元，第四局押注 800 元，如此類推，直至閒家勝出為止。由於這個策略持續用雙倍注碼，只要贏到一局就能將之前累計輸掉的錢一次過賺回來。

第一局　　　　　第二局

第三局

第四局

OH! MY GOD!!
NO MORE
MONEY!!!

◀每輸一局，玩家下一局就將已輸那局的注碼加大一倍，直至贏錢才收手。可是一旦連續開出對玩家不利的賽果，又缺本金落注，就會輸失慘重，難以翻身。

　　聽起來似乎非常吸引，買賣衍生工具用這種方式豈不是打遍天下無敵手？世事怎會如此美好，若果投資如此簡單，那麼這個世界就沒有窮人了。這個策略缺點是潛在風險極大，一旦連續開出對玩家不利的賽果，而你又缺乏足夠多的本金落注，那你就會輸失慘重，難以翻身。

　　來到本書尾聲，我倆苦口婆心勸告大家，切忌套用這個翻倍式加碼策略於衍生工具市場上，後果可以不堪設想。在投資市場上，紀錄是用來破的，閣下以為歷史紀錄不會出現十連跌，它偏要出現十一連跌；大家認為期貨價格不會變負數，它偏要跌到負數區間；你以為債息不會跌穿金融海嘯低位，它偏要大幅跌穿至難以想像的地步。很多大家事前以為是理所當然的事，轉眼間可以大相徑庭。正因如此，投資要為自己預留修正空間，切忌自視過高，使用翻倍式加碼策略去投機。

附錄

附錄 1. 牛熊證報價案例

牛證報價例子

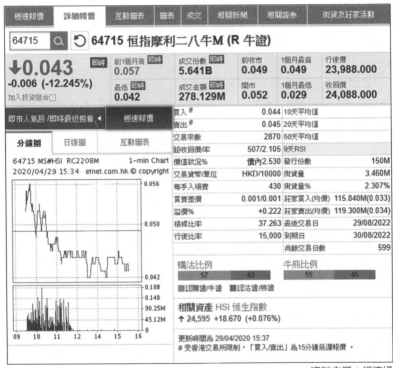

資料來源：經濟通

- **追蹤資產：**恒生指數，圖中例子現價為 24,595 點。

- **行使價：**23,988 點

- **收回價：**24,088 點

- **價值狀況（顯示牛證行使價跟追蹤資產現價的差距情況）：**圖中例子為價內 2.530%，計算方法為 (24,595 / 23,988 -1) × 100% = +2.530% （正數即代表價內）。

- **每手入場費：**圖中為 0.043 元，計算方法為 0.043 元 × 10,000 份 = 430 元。

- **溢價（代表相關資產在牛證到期日前，需要上升多少百分比才能達至打和點）：**圖中例子為 +0.222%，即恒指需要上升 0.222%，牛證於到期日前才會打和。

- **槓桿比率（追蹤資產每變動 1% 時，牛證價格的百分比變動的比例，但此數值會隨其他因素所變動）：**圖中例子為 37.263 倍

- **行使比率（兌換 1 股追蹤比率所需的牛證份數）：**圖中例子為 15,000

- **街貨量（投資者買入並持倉過夜的牛證份數）：**圖中例子為 346 萬份

- **街貨量 %：**（投資者買入並持倉過夜的牛證佔總可發行牛證份數的百分比）：圖中例子為 2.307%

- **最後交易日（牛證最後能夠交易的日子）：**2022 年 8 月 29 日

熊證報價例子

資料來源：經濟通

- **追蹤資產：** 恒生指數，圖中例子現價為 24,594 點。

- **行使價：** 25,322 點

- **收回價：** 25,222 點

- **價值狀況（顯示熊證行使價跟追蹤資產現價的差距情況）**：圖中例子為價內 2.875%，計算方法為 (24,594 / 25,322 -1 × 100% = -2.875%（負數即代表價內）。

- **每手入場費**：圖中為 0.075 元，計算方法為 0.075 元 × 10,000 份 = 750 元。

- **溢價（代表相關資產在熊證到期日前，需要下跌多少百分比才能達至打和點）**：圖中例子為 +0.799%，即恒指需要下跌 0.799%，熊證於到期日前才會打和。

- **槓桿比率（追蹤資產每變動 1% 時，熊證價格的百分比變動的比例，但此數值會隨其他因素所變動）**：圖中例子為 26.981 倍

- **行使比率（兌換 1 股追蹤比率所需的熊證份數）**：圖中例子為 12,000

- **街貨量（投資者買入並持倉過夜的熊證份數）**：圖中例子為 0 份

- **街貨量 %（投資者買入並持倉過夜的熊證佔總可發行熊證份數的百分比）**：圖中例子為 0%

- **最後交易日（熊證最後能夠交易的日子）**：2022 年 8 月 29 日

認購證報價例子

資料來源：經濟通

- **追蹤資產：** 恒生指數，圖中例子現價為 24,670 點。

- **行使價：** 26,000 點

- **價值狀況（顯示認購證行使價跟追蹤資產現價的差距情況）：**圖中例子為價外 5.115%，計算方法為 (24.670 / 26,000 -1) ╳ 100% = -5.115%（正數代表認購證為價內，負數則代表認沽證為價外）。

- **每手入場費：**圖中為 860 元，計算方法為 0.086 元 ╳ 10,000 份 = 860 元。

- **溢價（代表相關資產在窩輪到期日前，需要上升多少百分比才能達至打和點）：**圖中例子為 +9.098%，即恒指需要上升 9.098%，認購證於到期日前才會打和。

- **對沖值（窩輪對相關資產價格敏感度的指標；但此數值會隨著追蹤資產價格、引伸波動及距離到期日而變動）：**圖中例子為 +0.404（或 +40.4%）

- **實際槓桿比率（追蹤資產每變動 1% 時，期權價格的百分比變動的比例，但此數值會隨其他因素所變動）：**圖中例子為 11.187 倍

- **行使比率（兌換 1 股追蹤比率所需的窩輪份數）：**圖中例子為 10,000

- **街貨量（投資者買入並持倉過夜的窩輪份數）：**圖中例子為 3,739 萬份

- **街貨量 %（投資者買入並持倉過夜的窩輪份數佔總可發行窩輪份數的百分比）：**圖中例子為 9.348%

- **引伸波幅（市場價格反映投資者對追蹤資產未來的波幅的預期）：**
  圖中例子為 24.698%

- **最後交易日（窩輪最後能夠交易的日子）：** 2020 年 9 月 23 日

認沽證報價例子

資料來源：經濟通

- **追蹤資產：**恒生指數，圖中例子現價為 24,581 點。

- **行使價：**23,000 點

- **價值狀況（顯示認購證行使價跟追蹤資產現價的差距情況）：**
  圖中例子為價外 6.874%，計算方法為 (24,581 / 23,000 -1)×
  100% = +6.874%（正數代表認沽證為價外，負數則代表認沽證

為價內）。

- **每手入場費：**圖中為 1,590 元，計算方法為 0.159 元 × 10,000 份 = 1,590 元。

- **溢價（代表相關資產在窩輪到期日前，需要下跌多少百分比才能達至打和點）：**圖中例子為 +12.251%，即恒指需要下跌 12.251%，認沽值於到期日前才會打和。

- **對沖值（窩輪對相關資產價格敏感度的指標；但此數值會隨著追蹤資產價格、引伸波動及距離到期日而變動）：**圖中例子為 -0.332（或 +-33.2%）。

- **實際槓桿比率（追蹤資產每變動 1% 時，期權價格的百分比變動的比例，但此數值會隨其他因素所變動）：**圖中例子為 5.734 倍

- **行使比率（兌換 1 股追蹤比率所需的窩輪份數）：**圖中例子為 9,000

- **街貨量（投資者買入並持倉過夜的窩輪份數）：**圖中例子為 7,566 萬份

- **街貨量 %（投資者買入並持倉過夜的窩輪份數佔總可發行窩輪份數的百分比）：**圖中例子為 18.915%

- **引伸波幅（市場價格反映投資者對追蹤資產未來的波幅的預期）：**圖中例子為 29.396%

- **最後交易日（窩輪最後能夠交易的日子）：**2020 年 10 月 22 日

附錄 3. 牛熊證街貨量數據

牛熊證街貨分佈圖　　　　█ 09:16 紫金過去兩日累跌8% 累計逾1千萬淨流入認購證 紫金購 14994　　更多

恒生指數 ｜ 國企指數 ｜ 個股

歷史圖表　2020-04-28 ▼　　每天期指張數　1 - 99　100 - 499　500 - 999　>1,000　　指數區域 ○ 50點 ○ 100點 ● 200點 ○ 500點

指數區域	相對期指張數 [括號內為一日變化]	摩根大通精選	04月28日	04月27日	04月24日	收回價幅梯
		更多 ▲				
⤴ 25,900 - 26,099	86張 [+33]	🔍 54708　54383	86	53	46	11.2 - 15.6倍
⤴ 25,700 - 25,899	236張 [+66]	🔍 54707　54382	236	170	130	11.7 - 18.2倍
⤴ 25,500 - 25,699	411張 [+83]	🔍 54987　61831	411	328	215	15.1 - 21.3倍
⤴ 25,300 - 25,499	289張 [+107]	🔍 54048　54976	289	182	123	15.6 - 25.9倍
⤴ 25,100 - 25,299	1,398張 [+208]	🔍 54380　54695	1,398	1,189	1,101	20.5 - 34.7倍
⤴ 24,900 - 25,099	1,674張 [+235]　熊證重貨	🔍 55270　54376	1,674	1,439	1,171	25.7 - 45.5倍
⤴ 24,700 - 24,899	1,533張 [-69]	🔍 　　63545	1,533	1,602	1,383	36.8 - 49.3倍
24,500 - 24,699	300張 [+58]		300	242	193	
█ 牛證　█ 熊證		上日收市價 24,575.96				
⤴ 24,000 - 24,199	108張 [+66]	🔍 66173　64343	108	42	0	24.6 - 41.9倍
⤴ 23,800 - 23,999	138張 [+115]	🔍 66190　68514	138	23	0	21.6 - 34.2倍
⤴ 23,600 - 23,799	309張 [-48]	🔍 62979　64359	309	357	92	18.6 - 32.4倍
⤴ 23,400 - 23,599	354張 [-145]	🔍 60255　63552	354	500	476	16.2 - 29.3倍
⤴ 23,200 - 23,399	372張 [-21]	🔍 67401　60717	372	392	857	14.7 - 23.5倍
⤴ 23,000 - 23,199	269張 [-152]	🔍 67403　60256	269	421	453	13.2 - 20.8倍
⤴ 22,800 - 22,999	81張 [-18]	🔍 60257　67949	81	99	130	12.1 - 18.3倍
⤴ 22,600 - 22,799	519張 [-83]　牛證重貨	🔍 55787　64969	519	603	646	10.1 - 17 倍

資料來源：摩根大通

　　輪商會將街貨量分為相對期指張數，並會顯示牛熊及熊證重貨區相應的指數區域，投資者可按照街貨量分布作出相應部署。

> **「摩根大通認股證 | 牛熊證 | 界內證」網站**
>
> https：//www.jpmhkwarrants.com/zh_hk/cbbc/cbbc-outstanding/

附錄 4. 認股證街貨量數據

認股證數據 - 認股證街貨量

> 高盛提供的認股證（窩輪）街貨量工具能顯示窩輪投資者整體的持倉水平，數據提供過去一日十大認股證（窩輪）相關資產的總街貨數量及對比過去一日的百分比變幅。

相關資產	認購證總街貨量 （千份）	認購證總街貨量變幅 （千份）	認沽證總街貨量 （千份）	認沽證總街貨量變幅 （千份）
恒生指數	6,024,250	-152,260 (-2.5%)	2,387,730	175,350 (+7.9%)
阿里巴巴	5,031,961	97,371 (+2.0%)	217,432	-17,150 (-7.3%)
中國平安	4,157,105	-29,550 (-0.7%)	26,860	-65 (-0.2%)
騰訊控股	2,202,420	-57,531 (-2.5%)	1,877,801	38,576 (+2.1%)
小米集團	1,971,776	-19,747 (-1.0%)	67,530	1,383 (+2.1%)
美團點評	1,309,427	-58,062 (-4.2%)	473,740	16,505 (+3.6%)
匯豐控股	1,196,166	-16,840 (-1.4%)	98,788	14,760 (+17.6%)

資料來源：高盛

輪商會將十大成交窩輪追蹤資產的總街貨量跟對上一日的百分比作對比，這能顯示投資者持倉過夜的部署。

「高盛認股證牛熊證」網站

https://www.gswarrants.com.hk/cgi/market/warrant_outstanding.cgi

附錄 5. 交易日誌及假期表

HKEX
香港交易所

市場數據　　產品　　服務　　上市　　新聞　　互聯互通市場

服務 \ 全部 \ 衍生產品 \ 概覽
交易日誌及假期表

衍生產品

概覽	▶
系統服務	▶
市場莊家	▶

交易日誌及假期表
交易日曆

最後交易日/到期日及最後結算日
恒生指數期貨及期權 (包括自訂條款指數期權)
小型恒生指數期貨及期權
恒生中國企業指數期貨及期權 (包括自訂條款指數期權)
小型恒生中國企業指數期貨及期權
恒生指數股息累計指數期貨
恒生中國企業指數股息累計指數期貨
股票期貨及期權
行業指數期貨

合約月份	最後交易日/到期日	最後結算日
2019年1月	2019年1月30日	2019年1月31日
2019年2月	2019年2月27日	2019年2月28日
2019年3月	2019年3月28日	2019年3月29日

資料來源：港交所

「香港交易所－交易日誌及假期表」網站

https：//www.hkex.com.hk/Services/Trading/
Derivatives/Overview/Trading-Calendar-and-Holiday-
Schedule ？ sc_lang=zh-HK

附錄 6. 香港期貨及期權按金表

資料來源：港交所

「香港交易所－按金表」網站

https：//www.hkex.com.hk/Services/Clearing/Listed-Derivatives/Risk-Management/Margin/Margin-Tables？sc_lang=zh-HK

附錄 7. 香港十大成交股票期權列表

資料來源：港交所

「香港交易所－十大成交股票期權系列」網站

https：//www.hkex.com.hk/Products/Listed-
Derivatives/Single-Stock/Stock-Options/Top-10-
Traded-Stock-Option-Series？sc_lang=zh-HK

附錄 8. 衍生工具 月份代碼表

市面上有部分交易平台以衍生工具合約編號進行交易，其組成方式如下：

期貨合約編號 = 產品代碼 + 月份代碼 + 到期年份尾數

期權合約編號 = 產品代號 + 行使價 + 月份代碼 + 到期年份尾數

以下列出衍生工具合約月份代碼表供大家參考：

代表月份	期貨月份代碼	認購期權月份代碼	認沽期權月份代碼
1	F	A	M
2	G	B	N
3	H	C	O
4	J	D	P
5	K	E	Q
6	M	F	R
7	N	G	S
8	Q	H	T
9	U	I	U
10	V	J	V
11	X	K	W
12	Z	L	X

例如 2021 年 3 月到期恒生指數期貨 (HSI) 的衍生工具合約編號為「HSIH1」；騰訊 (TCH) 2021 年 6 月到期、行使價 500 元認購期權的衍生工具合約編號為「TCH 500 F 1」。

附錄 9. 香港股票期貨名單

股份編號	正股名稱	HKATS 代號	合約買賣股數	期貨類別
1	長江和記實業有限公司	CKH	500	1
2	中電控股有限公司	CLP	500	1
3	香港中華煤氣有限公司	HKG	1,000	2
4	九龍倉集團有限公司	WHL	1,000	2
5	滙豐控股有限公司	HKB	400	2
6	電能實業有限公司	HEH	500	1
11	恒生銀行有限公司	HSB	100	2
12	恒基兆業地產有限公司	HLD	1,000	1
16	新鴻基地產發展有限公司	SHK	1,000	1
17	新世界發展有限公司	NWD	1,000	1
19	太古股份有限公司 'A'	SWA	500	1
23	東亞銀行有限公司	BEA	200	3
27	銀河娛樂集團有限公司	GLX	1,000	1
66	香港鐵路有限公司	MTR	500	2
175	吉利汽車控股有限公司	GAH	5,000	1
267	中國中信股份有限公司	CIT	1,000	2
386	中國石油化工股份有限公司	CPC	2,000	2
388	香港交易及結算所有限公司	HEX	100	1
688	中國海外發展有限公司	COL	2,000	1
700	騰訊控股有限公司	TCH	100	1
728	中國電信股份有限公司	CTC	2,000	3

股份編號	正股名稱	HKATS 代號	合約買賣股數	期貨類別
762	中國聯合網絡通信 (香港) 股份有限公司	CHU	2,000	2
788	中國鐵塔股份有限公司	TWR	10,000	2
823	領展房地產投資信託基金	LNK	1,000	1
857	中國石油天然氣股份 有限公司	PEC	2,000	3
883	中國海洋石油有限公司	CNC	1,000	2
902	華能國際電力股份 有限公司	HNP	2,000	3
914	安徽海螺水泥股份 有限公司	ACC	500	2
939	中國建設銀行股份 有限公司	CCB	1,000	3
941	中國移動有限公司	CHT	500	1
998	中信銀行股份有限公司	CTB	20,000	1
1088	中國神華能源股份 有限公司	CSE	500	3
1171	兗州煤業股份有限公司	YZC	2,000	2
1288	中國農業銀行股份 有限公司	ABC	10,000	1
1299	友邦保險控股有限公司	AIA	1,000	1
1336	新華人壽保險股份 有限公司	NCL	1,000	1
1359	中國信達資產管理股份 有限公司	CDA	5,000	3
1398	中國工商銀行股份 有限公司	ICB	1,000	3
1800	中國交通建設股份 有限公司	CCC	1,000	3
1810	小米集團	MIU	1,000	3

股份編號	正股名稱	HKATS 代號	合約買賣股數	期貨類別
1816	中國廣核電力股份有限公司	CGN	10,000	2
1876	百威亞太控股有限公司	BUD	1,000	1
1898	中國中煤能源股份有限公司	CCE	1,000	3
1918	融創中國控股有限公司	SUN	2,000	1
1928	金沙中國有限公司	SAN	400	2
1988	中國民生銀行股份有限公司	MSB	10,000	1
2007	碧桂園控股有限公司	COG	5,000	1
2018	瑞聲科技控股有限公司	AAC	1,000	1
2238	廣州汽車集團股份有限公司	GAC	4,000	1
2318	中國平安保險（集團）股份有限公司	PAI	500	1
2328	中國人民財產保險股份有限公司	PIC	2,000	2
2333	長城汽車股份有限公司	GWM	10,000	1
2382	舜宇光學科技（集團）有限公司	SNO	1,000	1
2388	中銀香港（控股）有限公司	BOC	500	2
2600	中國鋁業股份有限公司	ALC	2,000	3
2601	中國太平洋保險（集團）股份有限公司	CPI	1,000	1
2628	中國人壽保險股份有限公司	CLI	1,000	2
2800	盈富基金	TRF	50,000	1
2822	CSOP 富時中國 A50 ETF	CSA	5,000	1

股份編號	正股名稱	HKATS 代號	合約買賣股數	期貨類別
2823	iShares 安碩富時 A50 中國指數 ETF	A50	5,000	1
2828	恒生中國企業指數 上市基金	HCF	5,000	1
2899	紫金礦業集團股份 有限公司	ZJM	2,000	3
3188	華夏滬深 300 指數 ETF	AMC	2,000	1
3328	交通銀行股份有限公司	BCM	1,000	3
3333	中國恒大集團	EVG	2,000	1
3690	美團點評	MET	500	1
3888	金山軟件有限公司	KSO	1,000	2
3968	招商銀行股份有限公司	CMB	500	2
3988	中國銀行股份有限公司	BCL	1,000	3
6837	海通證券股份有限公司	HAI	10,000	1
6886	華泰證券股份有限公司	HIS	10,000	1
9618	京東集團股份有限公司	JDC	500	1
9988	阿里巴巴集團控股 有限公司	ALB	500	1
9999	網易	NTE	500	1

資料來源：港交所

附錄 10. 香港股票期權名單

股份編號	正股名稱	HKATS 代號	合約買賣股數	期權類別
1	長江和記實業有限公司	CKH	500	1
2	中電控股有限公司	CLP	500	1
3	香港中華煤氣有限公司	HKG	1,000	2
4	九龍倉集團有限公司	WHL	1,000	2
5	滙豐控股有限公司	HKB	400	2
6	電能實業有限公司	HEH	500	1
11	恒生銀行有限公司	HSB	100	2
12	恒基兆業地產有限公司	HLD	1,000	1
16	新鴻基地產發展 有限公司	SHK	1,000	1
17	新世界發展有限公司	NWD	1,000	1
19	太古股份有限公司 'A'	SWA	500	1
23	東亞銀行有限公司	BEA	200	3
27	銀河娛樂集團有限公司	GLX	1,000	1
66	香港鐵路有限公司	MTR	500	2
135	昆倫能源有限公司	KLE	2,000	2
151	中國旺旺控股有限公司	WWC	1,000	3
175	吉利汽車控股有限公司	GAH	5,000	1
267	中國中信股份有限公司	CIT	1,000	2
288	萬洲國際有限公司	WHG	2,500	2
293	國泰航空有限公司	CPA	1,000	2
358	江西銅業股份有限公司	JXC	1,000	3

股份編號	正股名稱	HKATS 代號	合約買賣股數	期權類別
386	中國石油化工股份有限公司	CPC	2,000	2
388	香港交易及結算所有限公司	HEX	100	1
390	中國中鐵股份有限公司	CRG	1,000	3
489	東風汽車集團股份有限公司	DFM	2,000	2
669	創科實業有限公司	TIC	500	1
688	中國海外發展有限公司	COL	2,000	1
700	騰訊控股有限公司	TCH	100	1
728	中國電信股份有限公司	CTC	2,000	3
753	中國國際航空股份有限公司	AIR	2,000	2
762	中國聯合網絡通信（香港）股份有限公司	CHU	2,000	2
788	中國鐵塔股份有限公司	XTW	10,000	2
823	領展房地產投資信託基金	LNK	1,000	1
857	中國石油天然氣股份有限公司	PEC	2,000	3
883	中國海洋石油有限公司	CNC	1,000	2
902	華能國際電力股份有限公司	HNP	2,000	3
914	安徽海螺水泥股份有限公司	ACC	500	2
939	中國建設銀行股份有限公司	XCC	1,000	3
941	中國移動有限公司	CHT	500	1
992	聯想集團有限公司	LEN	2,000	2
998	中信銀行股份有限公司	CTB	1,000	3

股份編號	正股名稱	HKATS 代號	合約買賣股數	期權類別
1044	恒安國際集團有限公司	HGN	500	1
1088	中國神華能源股份有限公司 @	CSE	500	3
1093	石藥集團有限公司	CSP	2,000	1
1099	國藥控股股份有限公司	SNP	800	2
1109	華潤置地有限公司	CRL	2,000	1
1113	長江實業集團有限公司	CKP	1,000	1
1171	兗州煤業股份有限公司	YZC	2,000	2
1177	中國生物製藥有限公司 #	SBO	5,000	1
1186	中國鐵建股份有限公司	CRC	500	3
1211	比亞迪股份有限公司	BYD	500	2
1288	中國農業銀行股份有限公司	XAB	10,000	1
1299	友邦保險控股有限公司	AIA	1,000	1
1336	新華人壽保險股份有限公司	NCL	1,000	1
1339	中國人民保險集團股份有限公司	PIN	5,000	2
1359	中國信達資產管理股份有限公司	CDA	5,000	3
1398	中國工商銀行股份有限公司	XIC	1,000	3
1658	中國郵政儲蓄銀行股份有限公司	XPB	5,000	2
1800	中國交通建設股份有限公司	CCC	1,000	3
1810	小米集團	MIU	1,000	3
1816	中國廣核電力股份有限公司	CGN	10,000	2

股份編號	正股名稱	HKATS 代號	合約買賣股數	期權類別
1876	百威亞太控股有限公司	BUD	1,000	1
1898	中國中煤能源股份有限公司	CCE	1,000	3
1918	融創中國控股有限公司	SUN	2,000	1
1928	金沙中國有限公司	SAN	400	2
1988	中國民生銀行股份有限公司	MSB	2,500	2
2007	碧桂園控股有限公司	COG	5,000	1
2018	瑞聲科技控股有限公司	AAC	1,000	1
2020	安踏體育用品有限公司 #	ANA	1,000	1
2202	萬科企業股份有限公司	VNK	1,000	1
2238	廣州汽車集團股份有限公司	GAC	4,000	1
2282	美高梅中國控股有限公司	MGM	400	3
2313	申洲國際集團控股有限公司	SHZ	500	1
2318	中國平安保險（集團）股份有限公司	PAI	500	1
2319	中國蒙牛乳業有限公司	MEN	1,000	1
2328	中國人民財產保險股份有限公司	PIC	2,000	2
2333	長城汽車股份有限公司	GWM	500	3
2382	舜宇光學科技（集團）有限公司	SNO	1,000	1
2388	中銀香港（控股）有限公司	BOC	500	2
2600	中國鋁業股份有限公司	ALC	2,000	3
2601	中國太平洋保險（集團）股份有限公司	CPI	1,000	1

股份編號	正股名稱	HKATS 代號	合約買賣股數	期權類別
2628	中國人壽保險股份有限公司	CLI	1,000	2
2777	廣州富力地產股份有限公司	RFP	400	3
2800	盈富基金	TRF	500	2
2822	CSOP 富時中國 A50 ETF	CSA	5,000	1
2823	iShares 安碩富時 A50 中國指數 ETF	A50	5,000	1
2828	恒生中國企業指數上市基金	HCF	1,000	1
2888	渣打集團有限公司	STC	50	3
2899	紫金礦業集團股份有限公司	ZJM	2,000	3
3188	華夏滬深 300 指數 ETF	AMC	2,000	1
3323	中國建材股份有限公司	NBM	2,000	2
3328	交通銀行股份有限公司	BCM	1,000	3
3333	中國恒大集團	EVG	2,000	1
3690	美團點評	MET	500	1
3888	金山軟件有限公司	KSO	1,000	2
3968	招商銀行股份有限公司	CMB	500	2
3988	中國銀行股份有限公司	XBC	1,000	3
6030	中信証券股份有限公司	CTS	1,000	2
6837	海通証券股份有限公司	HAI	2,000	2
9618	京東集團股份有限公司	JDC	500	1
9988	阿里巴巴集團控股有限公司	ALB	500	1
9999	網易	NTE	500	1

資料來源：港交所

作者 /　　　周梓霖、黃雷

編輯 /　　　米羔、阿丁

插圖及設計 /　marimarichiu

出版 /　　　格子盒作室 gezi workstation

　　　　　　郵寄地址：香港中環皇后大道中 70 號卡佛大廈 1104 室

　　　　　　臉書：www.facebook.com/gezibooks

　　　　　　電郵：gezi.workstation@gmail.com

發行 /　　　一代滙集

　　　　　　聯絡地址：九龍旺角塘尾道 64 號龍駒企業大廈 10B&D 室

　　　　　　電話：2783-8102

　　　　　　傳真：2396-0050

承印 /　　　美雅印刷製本有限公司

出版日期 /　2021 年 2 月

ISBN/　　　978-988-79670-3-3

本書作者提供的投資知識及技巧僅供讀者參考。請注意投資涉及風險。閣下應投資於本身熟悉及了解其有關風險的投資產品，並應考慮閣下本身的投資經驗、財政狀況、投資目標、風險承受程度。